LINDA POR DENTRO E POR FORA

LINDA POR DENTRO E POR FORA

Encontre seu propósito,

eleve sua autoestima

e transforme seu estilo

KAROL STAHR

1ª edição: agosto de 2023

Edição de texto
Daila Fanny

Revisão
Francine Torres

Projeto gráfico e diagramação
Sonia Peticov

Capa
Julio Carvalho

Editor
Aldo Menezes

Coordenador de produção
Mauro Terrengui

Impressão e acabamento
Imprensa da Fé

A menos que haja outra indicação, as referências bíblicas foram extraídas da Nova Versão Internacional (NVI), da Biblica, Inc.

Editora Hagnos Ltda.
Rua Geraldo Flausino Gomes, 42, conj. 41
CEP 04575-060 — São Paulo, SP
Tel.: (11) 5990-3308

E-mail: hagnos@hagnos.com.br
Home page: www.hagnos.com.br

Dados Internacionais de Catalogação na Publicação (CIP)
Angélica Ilacqua CRB-8/7057

Stahr, Karol

Linda por dentro e por fora: encontre seu propósito, eleve sua autoestima e transforme seu estilo / Karol Stahr. — São Paulo: Hagnos, 2023.

ISBN 978-85-7742-428-3

1. Mulheres – Autoestima
2. Mulheres – Moda – Estilo
3. Mulheres - Vida cristã
I. Título

23-3357 CDD 248.843

Índices para catálogo sistemático:

1. Mulheres – Vida cristã – Moda - Estilo

Para Serena.

SUMÁRIO

ENDOSSOS

A construção de uma imagem pessoal carrega fatores objetivos e subjetivos, conscientes e inconscientes, positivos e negativos, que se manifestam no jeito de ser, de se vestir, de se comunicar, e em toda a expressão do "ser". Sua história de vida traz as marcas onde esses fatores se concretizaram.

Portanto, esse é um livro que o convoca a lançar um olhar não somente na imagem do espelho, mas também na imagem da alma, na perspectiva do olhar do Criador para sua essência, quando a criou como um poema divino. Karol Stahr traz neste livro sua aprendizagem significativa da vida, em suas histórias e vivências, que lhe deram o conhecimento teórico e prático que compartilha com seus leitores.

Linda por dentro e por fora, mais que um livro de preciosas orientações para a construção de uma imagem pessoal, a autora nos remete a pontos essenciais para um efetivo alinhamento do espírito, alma e corpo, em uma harmonia que transcenda a aparência e expresse a essência.

DRA. ILMA CUNHA
Escritora (*Família: Lugar de refúgio ou campo de batalha?* e *Enigmas da alma*), psicanalista, terapeuta familiar, teóloga e consultora empresarial

Karol Stahr reúne em sua obra todos os predicativos para que as mulheres possam ser o que elas quiserem, a qualquer tempo e em qualquer lugar.

Com os anos de experiências na sua área, com o seu vasto conhecimento e, mais do que tudo, seguindo o seu propósito, Karol incentiva e apoia outras mulheres para que, através da sua imagem, elas possam encontrar a sua melhor versão. E isso não tem preço!

Karol acende a luz de outras mulheres para que elas possam brilhar por si mesmas. E isso é simplesmente sinônimo de generosidade.

VANESSA PALAZZI
Jornalista, advogada, empresária e influenciadora
digital da rede Mulheres de Quarenta Mais

Em nossos dias, a identidade da mulher é atacada por um sistema perverso e danoso, que impõe um comportamento que desrespeita sua individualidade e seus valores, afetando sua autoestima e sua autoimagem. O resultado é uma emocionalidade enferma, distorcida e desconectada do verdadeiro eu feminino. A pressão do ambiente é expressar exteriormente algo que não condiz com o interior. Em meio às dores causadas por esse "novo normal", Karol Stahr rega nossos corações com graça e aponta um caminho de equilíbrio e sabedoria para viver e vestir sua verdadeira identidade com beleza, leveza e profundidade. A leitura de *Linda por dentro e por fora* revela um caminho emocionalmente saudável que evidenciará toda beleza produzida pelo Criador em cada uma de nós.

MARIGLAUCI (THUKA) MACHADO WEGERMANN
Professora, psicóloga e líder na Igreja Batista Capital
(Brasília, DF); trabalha com mulheres há mais de 20 anos

Sinto-me profundamente honrada e feliz por ter aceitado publicar o livro da Karol Stahr. Aqui na Hagnos temos um carinho imenso pelo público feminino. Essas intrépidas mulheres merecem um livro que as ensinem a valorizar não apenas o interior — e o que não falta no mercado é esse tipo de literatura (não se trata de uma crítica, mas de uma constatação). Toda essa beleza interior precisa estar devidamente emoldura, como parte de uma linda ornamentação, e o livro da talentosíssima Karol Stahr, além de preencher essa lacuna, põe a Hagnos em uma posição de vanguarda. *Linda por dentro e por fora* era o que faltava para compor o look completo do interior com o exterior. A linguagem é acessível, e os conselhos são superpráticos, regados com várias experiências da autora no mundo da moda e do estilo. Karol tem lugar de fala, e a leitura deste livro revelará a exatidão dessas palavras. A autora soube sintetizar muito bem os princípios que espelham na exterioridade o que está no nosso âmago. Embora imagem não seja tudo, não podemos nos esquecer de que é um componente importante do todo. Este livro é um bálsamo para a alma feminina. Recomendo este livro não apenas na condição de Publisher, mas, acima de tudo, de mulher, e mulher de Deus, criada à imagem e semelhança dele, que deseja que sejamos sempre lindas, tanto por dentro quanto por fora.

MARILENE TERRENGUI
Diretora executiva e fundadora da Hagnos

AGRADECIMENTOS

A Deus.
Por causa da soberania dele, eu pude viver
toda essa caminhada e aprender mais
sobre meu propósito, minha imagem e me
aceitar como sou. Por causa dele, hoje eu
posso escrever este livro e ajudar outras
pessoas a descobrirem seu valor.

À minha família.
Por tanto apoio, incentivo e torcida
durante toda minha vida, desde a
infância até a idade adulta.

Ao meu marido.
Por me fazer seguir em frente e não desistir
nos períodos difíceis. Por ser exemplo,
apoio e meu principal incentivador.
Por viver essa caminhada ao meu lado,
me ensinando e me fazendo crescer.

À Serena.
Por acreditar, admirar, torcer e se emocionar
tantas vezes de uma forma tão pura.

Aos amigos.
Que riram e choraram comigo, torceram e oraram.

Às clientes, alunas e seguidoras.
Foi para vocês. Para que vocês entendam
que a imagem é muito mais que a roupa.

Ao Aldo, à Daila, ao Julio e à Editora Hagnos.
Por acreditarem neste projeto e por trabalharem
com tanta excelência e dedicação.

PREFÁCIO

Comecei minha carreira profissional aos dezoito anos, trabalhando no departamento de recursos humanos da Rede Record de Televisão. A distância e as seis conduções diárias (quatro ônibus, dois trajetos de metrô e ainda uma boa caminhada) não eram suficientes para tirar o meu entusiasmo. Apesar disso, na hora de me vestir pela manhã, eu priorizava o conforto à aparência. Logo nos primeiros dias de trabalho, comecei a me sentir incomodada por usar minhas roupas de estudante, afinal de contas, agora eu era funcionária de uma grande empresa e queria passar uma imagem adequada. Pensando nisso, elaborei um plano simples: investir parte do primeiro salário em peças mais "corporativas" e trocar os tênis fashions por sapatilhas. No entanto, minhas colegas de setor — que invariavelmente vestiam calça jeans, camiseta e tênis de academia — trabalharam pesado no intuito de me desencorajar.

> "Pra que gastar dinheiro com roupa careta de escritório, menina? Vai ficar parecendo uma tiazinha!"
>
> "Esquece isso, Paty! Ninguém vem aqui mesmo... Olha, se a gente vier de pijama, garanto que ninguém vai notar!"

"Ah, nem vem, garota! Se você inventar moda a gente também vai ter de se arrumar, pode parar!"

O golpe de misericórdia — que acabou de vez com a primeira tentativa de alinhar minha imagem à impressão que eu queria passar — veio da supervisora do departamento: "Paty, mulher que vem toda emperiquitada passa uma imagem fútil, de quem quer aparecer. Quem trabalha de verdade não tem tempo para essas bobagens, entendeu?" Infelizmente, sim, eu entendi...

Comprei aquela ideia e desisti do plano sem saber que, por causa daquela decisão, outros planos demorariam muito mais para saírem do papel.

Com o passar do tempo, recebi algumas promoções até me tornar assistente de merchandising do programa Note & Anote, apresentado pela Ana Maria Braga. Estava muito grata pela oportunidade, mas eu não podia ignorar o fato de que o salário estava muito aquém das minhas responsabilidades. Todo mundo elogiava meu desempenho sem nenhuma economia, desde os colegas de produção até a direção da emissora, mas o que eu não entendia era o motivo de não me levarem a sério quando eu tentava negociar uma remuneração mais adequada. Até que...

Chegaram as gravações de Ano-Novo, e a Ana Maria avisou que chamaria todos os colaboradores diante das câmeras para um agradecimento público. Dias depois, quando o programa foi ao ar, minha irmã me ligou assustada, perguntando o que tinha acontecido. Sem entender, respondi que não havia acontecido nada, mas ela insistiu: "Você estava vestida com um vestido trapézio horrível, que deixa você achatada, e um chinelo de lavar quintal. Você estava trabalhando de chi-ne-lo e ainda pôs um blazer enorme? E que cabelo era aquele?".

Fui conferir o vídeo e realmente eu estava... horripilante! Fiz uma retrospectiva mental do que aconteceu no dia da gravação e me lembrei de que uma das produtoras pediu que eu fosse ao guarda-roupa e "melhorasse" o visual. Corri no figurino, peguei na arara do jornalismo o primeiro blazer que vi pela frente e vesti por cima do vestido sem nem me olhar no espelho. Até notei que todo mundo me olhou com cara de quem comeu e não gostou, mas na pressa não dei importância, até porque, eu continuava praticando o que minha antiga supervisora (que ainda estava no mesmo lugar, exercendo a mesma função) havia me ensinado: "quem trabalha de verdade não tem tempo pra essas bobagens".

A bronca da minha irmã me fez refletir. Na ocasião, lembrei que eu também havia participado da gravação de um sorteio. Corri atrás do vídeo para ver se eu também estava "do avesso" naquele dia. Diante das imagens, simplesmente congelei! Você conhece a expressão "cabelo de travesseiro"? É aquele cabelo todo emaranhado que parece que a criatura acabou de levantar da cama. Naquela época eu me limitava a pentear a frente e as laterais do cabelo, ignorando solenemente a parte de trás! Mas não pense que quando me vi de frente a coisa melhorou... Eu estava sem maquiagem, com umas olheiras de zumbi e a postura de uma derrotada. No dia seguinte, resolvi tomar uma atitude, pois estava transmitindo a imagem de uma pessoa que havia desistido da vida, mas tudo o que eu mais queria era fazer um trabalho de qualidade. Escolhi meu look de forma intencional, escovei o cabelo, me maquiei e fui trabalhar muito mais confiante. Quando eu entrei no departamento, um dos gerentes gritou: "Até que enfim, hein! A gente já estava achando que você queria tomar o lugar da Bruxa do 71 no SBT!". Fiquei muito sem graça, mas não desisti de me empenhar para transmitir uma imagem alinhada à minha competência, mesmo sabendo que isso levaria tempo.

Depois de poucos meses, o mesmo gerente que me recebeu aos gritos — um gaúcho sem papas na língua que parecia ter um megafone acoplado às cordas vocais — me disse em alto e bom som: "Agora que tu não és mais um espantalho de milharal, te organiza aí porque tu vais encabeçar a tua área, guria. Tens coragem?". Coragem eu sempre tive, mas minha imagem até então expressava o oposto. Ainda que inicialmente minha nova versão tenha sido motivo de piada, com o passar do tempo ela me ajudou a impulsionar minha carreira. Tornei-me coordenadora, passei a supervisora, vi meu salário triplicar e consegui o que mais queria: ser levada a sério. Quando o programa chegou ao fim, um dos nossos maiores clientes — uma editoria argentina — me convidou para comandar suas operações no Brasil. Aquela mudança de mentalidade impactou positivamente a minha carreira e, de quebra, transformou a percepção que eu tinha de mim mesma. Levei muito tempo e perdi várias oportunidades até entender que nossa imagem fala por nós muito antes de abrirmos a boca, mas você não precisa passar por nada disso. O livro que está em suas mãos vai remir o tempo e mostrar a você que cuidar de si mesma faz parte de um dos grandes mandamentos do Criador: "ame o seu próximo como *a si mesmo*" (Mateus 22:39). E como amar o próximo sem primeiro amarmos a nós mesmas?

Minha experiência me ensinou que não basta *ser* competente, é preciso *parecer* competente. E esse alinhamento se chama coerência, que, por definição, é a relação harmônica entre dois fatos ou duas ideias, e isso não tem nada a ver com futilidade. Saber o que vestir em cada ocasião, reconhecer seu próprio estilo, investir naquilo que a valoriza e dar preferência à paleta de cores que a favorece são atitudes inteligentes que podem abrir muitas portas, não só na sua carreira profissional, mas na vida pessoal também. Há, porém, uma questão extra para nós, mulheres cristãs: o que entendemos como valorização da nossa imagem é totalmente diferente do que a sociedade prega. Para nós, valorizar a imagem não é expor o corpo para qualquer um ver e depois reclamar que não é respeitada. Afinal, ninguém larga um anel de diamantes em uma barraca de liquidação, pelo contrário, o guarda em um cofre com toda proteção que seu grande valor demanda. A fé inteligente afirma que o valor da mulher virtuosa "muito excede o de finas joias", logo, precisamos considerar os conceitos cristãos ao cuidar da nossa aparência, a fim de transmitir exteriormente aquilo que acreditamos do profundo do nosso coração.

Nessa tarefa diária, Karol Stahr nos conduz de forma prazerosa, sem cobranças e sem regras duras que mais parecem fardos pesados demais. Ela é daquelas pessoas com luz suficiente para fazer as outras brilharem. Desde pequena, ela já mostrava sua sensibilidade de cuidar do exterior para tocar o interior, primeiramente com suas amigas e primas, hoje com todas nós, suas seguidoras, leitoras e, por que não dizer, amigas também? Somo incluídas no texto como se ela estivesse sentada ao nosso lado, nos ensinando a valorizar até nossos "defeitos" e a olhar para nós mesmas pelos olhos de quem nos criou. As verdadeiras amigas são aquelas que nos aproximam de Deus, e Karol certamente é uma delas. Que você encontre nas páginas a seguir a sua melhor versão, sem mudar sua essência, sem deixar de ser quem você é e sem entrar em uma linha de produção em que todas as mulheres parecem iguais. Aliás, Karol descobriu que seu nariz diferente do "padrão" — e que ela quase submeteu a uma cirurgia plástica — é, na verdade, como ela mesma diz, "incrível". E mais: sem ele, ela não seria tão ela. Lembre-se: você é única e foi criada à imagem e semelhança do Pai, aquele que a fez do jeitinho que você é e que é tão detalhista ao ponto de saber até mesmo quantos fios de cabelo você tem. Aceite com prazer o que Deus lhe deu e deixe a Karol lhe ensinar como cuidar daquilo que você recebeu!

PATRICIA LAGES, autora de *Sucesso não cabe na bolsa*, publicado pela Editora Hagnos
@patricialagesoficial
YouTube Patricia Lages

introdução

LIBERDADE DE VESTIR QUEM VOCÊ É

Prazer, eu me chamo Karoline Stahr, também conhecida como Karol Stahr.

E você? Qual é o seu nome?

Acho que os nomes são palavras superimportantes. De certa forma, só de ouvir o nome de alguém, um monte de atributos, características e experiências vêm à nossa mente.

No campo da fé cristã, a questão do nome tem uma importância enorme, pois o nome é parte vital da identidade de uma pessoa. Na Bíblia, o nome tem um significado espiritual e revela algo sobre o caráter ou o destino de quem o recebe, enfatizando a fé, a esperança e os propósitos divinos. Por exemplo, Moisés, que significa "tirado das águas", refletiu sua libertação milagrosa do rio Nilo. Davi, que significa "amado", personificou o amado rei de Israel.

Muitas vezes, Deus muda o nome de alguém para indicar uma nova missão ou uma nova relação com Ele. Por exemplo, Abrão, "pai da elevação", torna-se Abraão, que significa "pai de uma multidão", e Jacó, "suplantador", torna-se Israel, que significa "aquele que luta com Deus". Outras vezes, Deus dá um nome a alguém antes de nascer, como fez com João (o Batista, primo de Jesus — Lucas 1:13), que significa "Deus mostrou favor", e Jesus (Mateus 1:21), que significa "Deus salva" ou "Deus é salvação". Esse nome mostra que Jesus é o Filho de Deus e o Messias prometido, que veio ao mundo trazer a salvação para a humanidade. Esses nomes anteviam o papel que essas pessoas teriam na história da salvação.

Assim, o nome na Bíblia é mais do que uma simples formalidade. Cada nome nos convida a explorar as profundezas das narrativas bíblicas e a descobrir as verdades atemporais que elas transmitem. É uma forma de conhecer a Deus e a si mesmo. É uma forma de louvar a Deus e de invocar o seu auxílio. É uma forma de expressar a fé e a esperança.

Saindo do campo bíblico, e como este livro versa sobre moda, seria interessante mencionar um nome inconfundível. Pense, por exemplo, em Coco Chanel. Que imagens esse nome desperta na sua imaginação? Quando penso em Chanel, logo me vem à mente uma certa rigidez, um visual clássico, aus-tero. Penso em uma mulher forte, decidida.

Chanel tem origem na palavra "rocha". Se você pesquisar um pouquinho sobre a história de Coco Chanel, irá descobrir que ela teve uma vida bem sofrida. Teve uma infância pobre: sua mãe, que era lavadeira, morreu quando ela era pequena, e seu pai abandonou a família. Com isso, ela foi para um orfanato, onde aprendeu a costurar. Com certeza não foi uma vida de luxos nem de muitas alegrias.

Chanel tinha vergonha de sua infância, e o nome "rocha" pode descrever perfeitamente como ela era: fechada, dura. Até em suas criações, essa "rocha" transparecia. Chanel foi a primeira estilista a redesenhar peças do guarda-roupa masculino para mulheres, pois se sentiu atraída por suas cores sóbrias e seus cortes retos. Ela transmitiu quem era em sua maneira de ser e em suas criações.

Você já pesquisou sobre o seu nome? Sabe qual é a origem dele e o que significa? Ainda que seja um nome "inventado", qual o sentido que esse nome tinha para seus pais? E para você, o que significa ser chamada por este nome?

O meu nome significa "doce; forte". Alguns dicionários de nomes falam de ser independente, original, criativa, trabalhadora, corajosa, líder, determinada, disciplinada, organizada, confiante. Meu sobrenome, Stahr, de origem alemã, remete a um pássaro com talentos notáveis: ele pode imitar perfeitamente o canto de outros pássaros, bem como ruídos ambientais, e incorporar esses sons ao seu canto. Além disso, quando centenas deles voam juntos, em perfeita harmonia, vê-los se torna um show, pois os bandos se alternam em formações de passarinhada de tirar o fôlego.

Essas são as palavras relacionadas ao meu nome: doce. Forte. Notável. Incomum.

Quando me dei conta, percebi que sempre busquei expressar essas características, fosse em minhas atitudes, nos meus pensamentos e nas minhas intenções, fosse na minha vestimenta.

Assim como nosso nome está relacionado fortemente à nossa identidade, nossa imagem também está. Ela é uma mensagem não verbal sobre quem você é: sua origem, sua personalidade, seus valores, suas prioridades. E, da mesma forma que, se você não sabe de onde vem, ou para onde vai, qualquer caminho serve.

Quando não conhecemos o significado de nossa origem nem os detalhes de nossa identidade, ficamos como a Alice quando se perdeu no país da Maravilhas e não sabia aonde queria ir: qualquer caminho serve.

Da mesma forma, sem saber quem você é e qual mensagem deseja transmitir a respeito de si mesma com sua imagem, qualquer roupa serve. Ela só estará cobrindo seu corpo mesmo, sem servir a um propósito mais nobre de comunicar sua essência.

Para se vestir de forma genuína e com confiança, você deve começar por aqui: autoconhecimento. Primeiro, descubra quem você é. Depois, vista esta pessoa da melhor forma que puder.

> Se tem estilo, não tem regras.
> Se tem atitude, não tem vergonha.
> Se tem essência, não tem imitação.
> Se tem beleza, não tem padrão.

É por isso que este não é mais um livro de regras de moda, de certo e errado, de use e evite. Ele irá guiar você em uma viagem de autodescoberta e revelar os segredos do porquê você se veste como se veste, e por que algumas mulheres não conseguem se vestir como desejam.

Talvez, após a leitura deste livro, você descubra que pode conquistar a imagem que deseja ter. Mas pode ser também que você descubra que a imagem que tanto deseja ter é somente fruto das informações que vem recebendo diariamente e não representa você de verdade.

MINHA JORNADA

Este livro é uma oportunidade de entender quem é você e descobrir, de uma vez por todas, que roupa representa sua beleza e personalidade únicas. Acredito que, desde tempos muito antigos, todas as mulheres estão em busca disto: vestirem-se de forma confiante, única e com estilo. Essas três características só funcionam se andarem juntas. Espero mostrar, a partir da minha experiência, como conquistar cada uma delas de maneira natural.

Este livro está dividido em duas partes: linda por dentro e linda por fora. Na primeira parte, vamos mergulhar nessa jornada de autoconhecimento, entendendo três pilares que, creio, são as bases de um estilo autêntico: beleza, autoestima e propósito. Ao entender cada item e valorizá-los na sua história e rotina, seu estilo pessoal terá dado um grande passo para deixar de ser um sonho e se tornar parte da sua vida.

Na segunda parte do livro, vamos às lições práticas: estilo, organização, compras e looks. Todos esses elementos são parte obrigatória da construção e manutenção do estilo. Provavelmente nem todos eles chamam sua atenção, mas não desista: arrumar o guarda-roupa, planejar compras, escolher roupas certas e criar looks são coisas que estão ao alcance de qualquer mulher. Requer um pouco de dedicação no começo, é verdade, mas logo se tornam parte do seu dia a dia.

Ao final do livro, você encontra o Glossário de moda ilustrado. Lá, descrevo e ilustro cada peça de roupa mencionada no livro. Você pode consultá-lo para tirar dúvidas, ou para conhecer novas peças que não está acostumada a usar.

Cada capítulo deste livro inicia com uma história minha, para mostrar como o vestir-se faz parte de diferentes momentos da nossa vida. Na minha vida, particularmente, ele é forte desde a infância. Escolhi compartilhar minhas experiências porque, se fui impulsionada a escrever este livro, com certeza é porque quero transmitir para você um pouco do que aprendi ao longo dessa trajetória. Meu desejo é que minha experiência de vida contribua de alguma forma para a sua jornada e lhe mostre que a nossa história é o nosso verdadeiro consultor de imagem. É ela que define quem somos e o que vestimos.

VISTA QUEM VOCÊ É

Esse conceito de "Vestir quem você é" foi descoberto e construído a partir de minhas histórias e dos atendimentos que realizo como consultora de imagem desde 2008. Ao ouvir as experiências das clientes, eu percebia que algumas clientes desabrochavam após o trabalho de consultoria e imagem, elas se descobriam, se sentiam únicas e muito confiantes para se vestirem. Da mesma maneira, outras mulheres não conseguiam se perceber e, ao fim do processo de consultoria, não mudavam absolutamente nada. Sinceramente, nesses casos, eu me sentia frustrada.

Esses resultados me levaram a pesquisar mais a fundo sobre o porquê de algumas mulheres se transformarem enquanto outras nunca saíram do casulo. Como era possível uma mulher se sentir tão confiante ao aprender a montar looks e fazer compras, e outras não conseguirem aperfeiçoar em nada seu visual? Fiz cursos e li livros sobre autoimagem e psicologia da autoimagem, entendendo os efeitos da autoestima na construção da imagem pessoal. Compreendi que se vestir com confiança, postura, estilo e credibilidade vai muito além das dicas de moda. Depende de a pessoa ter coragem de revisitar sua própria história para compreender seus valores, e ter disposição para quebrar barreiras e bloqueios que estão consolidados em sua mente.

O que muitas pessoas não conseguem compreender é que, quando falamos de estilo e vestimenta pessoal, falamos de individualidade. Apesar de existirem sete estilos universais (vamos falar um pouco deles no capítulo “Estilo”), e de outras análises apontarem dez estilos universais, cada mulher transita por mais de um estilo. Isso quer dizer que, a mistura de estilos, formato do corpo e coloração pessoal faz com que cada mulher se vista de forma única.

Além disso, a expressão de um estilo é diferente de pessoa para pessoa. Duas mulheres com o mesmo estilo se vestem de forma diferente, pois elas se enxergam de forma distinta e encaram a moda de um jeito único. Por isso, aprender a se vestir de forma autêntica não é algo simplista, nem se resume a um conjunto de regrinhas que você tem de aplicar. Muitas mulheres, quando fazem testes de modas, não se enxergam nos resultados. Para elas, se seguissem à risca as definições do estilo em que foram encaixadas, se sentiriam fantasiadas de um personagem — mesmo seguindo os parâmetros do seu estilo.

Essa variação se dá porque um estilo pessoal nunca é algo homogêneo. Ele sempre vem agregado a outro estilo, além de objetivos pessoais, cultura, ambientes que se frequenta, personalidade, criação, rotina. Tudo isso veste uma mulher.

Da mesma forma, as regras de biotipo — que são uma busca insana das mulheres na internet — não funcionam para todos os corpos. As proporções individuais de cada corpo e a estrutura óssea fazem com que ferramentas de vestimenta sejam diferentes de uma mulher para outra.

Por isso, ao escrever este livro, meu objetivo foi trazer informações reais para mulheres reais, sem classificar nossas vidas e vivências em biotipos e estilos de moda. Mais importante do que isso é saber de onde você veio, quem você é e que imagem deseja transmitir, de acordo com sua essência — seu eu mais verdadeiro, formado pelo que você traz da sua história de vida e percebendo quem você se tornou a partir das experiências vividas.

Meu desejo é levá-la a perceber que a melhor pessoa para definir sua forma de se vestir é você mesma: seu passado, seu presente e quem você almeja ser no futuro. Que esta jornada a ajude a se descobrir, a se apreciar e a amar sua imagem. Afinal, este é o primeiro passo para se vestir bem.

Meu desejo é levá-la a perceber que a melhor pessoa para definir sua forma de se vestir é você mesma: seu passado, seu presente e quem você almeja ser no futuro. E para a mulher que ama Deus, há um princípio norteador no campo da vestimenta: "Assim, quer vocês comam, bebam ou façam *qualquer outra coisa* [e aqui podemos incluir o ato de se vestir], façam tudo para a glória de Deus" (1Coríntios 10:31). Que esta jornada a ajude a se descobrir, a se apreciar e amar sua imagem. Afinal, este é o primeiro passo para se vestir bem.

LINDA POR DENTRO

capítulo um

BELEZA

Mostrar uma imagem bonita ao mundo só é possível quando entendemos a beleza única que nos foi dada. Cada pessoa possui a sua própria formosura, que não pode ser medida nem enquadrada pelos padrões. Olhe para fora e olhe para si: há beleza escondida em cada detalhe que compõe o mundo e você mesma.

cuidando de quem eu amo

No meu aniversário de 13 anos, eu me deparei com uma convidada chorando. Ela tinha brigado com duas amigas e estava se sentindo sozinha. No mesmo instante, peguei um pó compacto, passei no rosto dela para disfarçar a cara de choro e disse que ela poderia ser minha amiga. Naquele dia, uma amizade linda nasceu.

Muitos anos depois, participei de uma brincadeira em um encontro com minhas primas. Escrevemos nossos nomes em papeizinhos, e quem nos sorteasse deveria dizer ao grupo alguma coisa que fazemos que demonstra nosso amor. A prima que me tirou contou, cheia de lágrimas, que sempre que esteve lá em casa, em nossa infância e adolescência, ela se sentia amada porque eu cuidava dela e a arrumava toda, com muito carinho.

Eu realmente amava fazer isso! Essas experiências refletem o que descobri ser meu chamado: cuidar de mulheres e ajudá-las a perceber seu valor. Foi para isso que Deus me criou, e é a maneira com que ele espalha sua beleza divina por meio de mim.

MUITAS pessoas não têm dificuldade de reparar na beleza na natureza. Elas sabem apreciar um pôr do sol, o arco-íris ou uma árvore florida. Também são capazes de ver a beleza nas outras pessoas. No entanto, quando se olham no espelho, não encontram nada que chame a atenção. Elas se acham sem graça, ou até feias.

Eu vivi isso durante certo tempo. Sentia que eu era comum. Naquela época, quando precisava me arrumar para sair, trocava de roupa muitas e muitas vezes. Vestia praticamente todas as peças do guarda-roupa na tentativa de encontrar o look ideal, mas nada me agradava. As roupas tinham cara de velhas e antiquadas. A imagem no espelho era insossa, igual, mais do mesmo. Quantas vezes não experimentei praticamente tudo o que tinha e, quando entrava no elevador e me via de novo no espelho, voltava para casa e desistia de sair? Em algumas ocasiões troquei de roupa inúmeras vezes, e acabava sentada no chão do closet, chorando por não conseguir me encontrar nas minhas roupas. Era uma busca que nunca chegava ao fim. Isso me fez perder encontros com amigos e momentos de lazer, simplesmente por não me sentir bonita.

Quando eu comecei a trabalhar e ganhar meu próprio dinheiro, minha saída foi ir às compras. Acreditava que uma peça nova me deixaria mais bonita, que a roupa da moda faria eu me sentir melhor. Mas mesmo depois das roupas novas, do cabelo recém-cortado e pintado, eu ainda me sentia insatisfeita. Quanto dinheiro foi jogado fora nessa brincadeira de se encontrar na imagem que não é minha.

Um dia em especial, me arrumando para ir à igreja, vivi mais uma vez o drama de não encontrar o que vestir. Sentei no chão e chorei. Eu não queria sair, mas havia assumido o compromisso de cantar naquele dia. Então, vesti qualquer roupa, eu me senti estranha e fora do padrão, não via beleza nem em mim nem na minha roupa, fui.

Ao chegar na igreja, encontrei o pastor, que, assim que me viu, percebeu que eu não estava bem. Ele me chamou para conversar e perguntou o que estava acontecendo. Eu, com vergonha de dizer o que era, disse que era uma bobeira minha e contei da dificuldade de me sentir bonita, de me aceitar. Ele conversou comigo e oramos. Declarei, naquele dia, diante de Deus, que eu não queria mais viver isso. Quer você acredite, quer não, o que sei é que nunca mais chorei em frente ao guarda-roupa. Foi milagroso. Foi como se Deus tivesse, naquele instante, trocado a minha lente embaçada e distorcida por uma lente divina.

A partir daquele domingo, eu pedi a Deus em oração que fizesse eu me enxergar como Ele me via. Esse processo foi acontecendo de forma natural, sem que eu percebesse. Quando me dei conta, já estava curtindo minha imagem, me cuidando com prazer, me enxergando com amor.

> Tu criaste o íntimo do meu ser
> e me teceste no ventre de minha mãe.
> Eu te louvo porque me fizeste
> de modo especial e admirável.
> Tuas obras são maravilhosas!
> Digo isso com convicção.
> Salmos 119:13-14

O que me fez mudar foi entender meu valor. Foi perceber que, assim como Deus fez lindas as árvores, as ondas e as estrelas, Ele também me havia feito cheia de beleza. Da mesma forma que

Ele escolheu azul para o céu e listras para as zebras, Ele escolheu minha imagem, minha pele, meu corpo e meu cabelo.

Entender que eu possuía beleza, porque tudo o que Deus faz é belo, abriu meus olhos para a verdadeira Karol que estava ali, do outro lado do espelho. Comecei a perceber o que eu tinha de único e como isso era lindo e precioso. Como era bonito ser eu, puramente eu — uma beleza que, se eu não carregar aonde eu for, o mundo jamais irá ver, porque não tem outra igual. Aprender a encarar minhas "imperfeições" e a admirar minhas qualidades foi o primeiro passo para conseguir me vestir de mim mesma e de ter prazer em cuidar de minha imagem.

Foi assim que entendi que cada pessoa tem sua beleza única, só dela. Você tem uma beleza que eu não tenho, que ninguém mais tem, que é só sua. Para sermos belas, você e eu não precisamos ser mais magras, mais altas, mais loiras ou usar o que está na moda. Precisamos nos vestir mais de nós mesmas e abraçar os detalhes que nos tornam uma obra singular.

Ao entender isso, fiz as pazes comigo mesma. Tenho caminhado desde então em busca de um espírito satisfeito, ajustando um pouco aqui e ali para me tornar melhor para mim e para os outros.

Essa compreensão sobre a beleza de tudo que Deus criou — e isso me inclui — fez eu ver o mundo de outra forma. Fez eu notar o belo nas pequenas e nas grandes coisas que Deus fez. Eu me lembro que quando estava gestante da Serena, olhei para o pôr do sol em um fim de tarde — que aqui em Brasília é um espetáculo de Deus todo dia — e declarei:

À tardinha, quando o Sol se vai
Tudo em mim é gratidão
Eu vejo um final perfeito
Fé em Deus e a paz no peito.

Esse foi o trecho de uma canção que escrevi para uma de minhas músicas (também sou cantora e compositora). E como essa poesia fez sentido naquele dia. Serena tinha uma condição muito difícil na gestação. O crânio dela não havia fechado completamente e, por isso, havia um escapamento de parte do cérebro enquanto ela se formava em minha barriga. Ao ver a beleza do que Deus criou, a grandiosidade que era o Sol, a natureza, o findar e o nascer de um dia, eu pude ver a pequenez do meu "problema". Eu acreditei que Deus faz tudo de forma perfeita e que havia beleza em viver aquilo tudo. Eu acreditei. Eu descansei.

O nascimento de Serena foi o momento mais lindo que já vivi. Ver uma vida surgir é algo indescritível. É divino. É uma beleza com propósito, com significado. Não uma beleza formatada, padronizada, inalcançável. É a beleza real, a beleza da vida.

Você consegue compreender como a beleza está nos olhos de quem vê? Em Mateus 6:22, Jesus diz que "Se seus olhos forem bons, todo seu corpo será cheio de luz". Essa é uma verdade. Quando temos olhos bons, olhos que conseguem admirar a beleza de Deus e de sua criação (que inclui a nós mesmas), iluminamos a vida de pessoas ao nosso redor. Inspiramos pessoas com nossa própria vida, por meio de nossa beleza. Essa é a beleza que transforma.

A BELEZA DOS FILHOS

Sempre me chamou a atenção como as mães veem beleza em cada detalhe de seus filhos. Experimentei isso quando Serena nasceu. Desde que ela era bebê, eu a olho e a considero perfeita. Não aquela perfeição idealizada pela sociedade. Ela é linda porque é única, autêntica. Quando olho seu cabelo, seus olhos, sua pele, seu jeito de ser, de falar, de agir, eu me encanto. Ela não tem reservas nem medo de ser quem é. Ela fala como se sente bonita e gosta de me mostrar as coisas novas que aprendeu. O foco dela não está em ser a mais bonita. Ela não se apega à cor do cabelo, ao formato de seus traços nem de seu corpo. Ela me mostra que a beleza está em ser ela, simplesmente.

Não inventaram ainda um celular com memória suficiente para registrar todas as fotos e vídeos que as mães fazem de seus filhos, sempre percebendo uma graça nova num sorriso, num trejeito. Nós, mães, temos sobre nossos filhos um olhar parecido com o que Deus tem sobre nós. Ele vê beleza em tudo, assim como nós vemos beleza em tudo que nossos filhos são e fazem. Precisamos nos enxergar através dessa mesma lente. Acredito que Deus nos admira, como admirou tudo o que criou, e deseja que nos desenvolvamos plenamente: em nossa fé, nosso intelecto, nossa vida profissional, nossos relacionamentos, nossa saúde e também em nossa beleza física. Ele nos criou da forma que, aos olhos dele, era a mais bonita — singular, totalmente livre dos padrões, das escalas, das numerações que nos oprimem hoje. A beleza que temos está baseada no nosso Criador, e não em tendências.

O meu papel é cuidar do que Ele me confiou, é cultivar essa beleza que só eu tenho, da mesma forma que nós, mães, dizemos tantas vezes aos nossos filhos: "Mas você não é todo mundo".

Ver minha filha se olhar no espelho e se sentir linda, compreender sua beleza e se aceitar do jeito que ela é me ensina, diariamente, sobre a beleza de ser única, e como isso é especial. Esse é o trabalho de consultoria de imagem de Deus que já nasce em mim e em você. Todas nós fomos criadas por uma razão e com um propósito. Fomos desenhadas de forma perfeita. O que acontece é que, com o passar dos anos, começamos a acreditar que não somos tão bonitas. Acreditamos que a beleza tem uma fórmula, e que nunca conseguiremos descobrir o segredo dela. Serena chegou na minha vida para me mostrar que toda a insatisfação que tenho com minha imagem foi aprendida, pois ela não nasceu comigo. Nós não nascemos insatisfeitas com nossa imagem. Adquirimos essa percepção ao longo dos anos.

Por que não vivemos o que ensinamos a nossos filhos? Quantas de nós cuida do filho — da imagem, das roupas, do corpo e da saúde dele —, mas não têm tempo para si? Não se aceitam, não se conhecem, não se cuidam? Infelizmente, essas ações da nossa parte também ensinam, tanto quanto nossas palavras. Nossos filhos — especialmente as meninas, que nos tomam por modelo — escutam as palavras de insatisfação, e até de desprezo, que são ditas diante do espelho. Elas veem nossa tentativa ou frustração de caber num padrão que não existe, e que passa muito longe do que Deus escolheu para nós.

A mulher que quero ser

Ela é incrível! Seu marido é um homem de sorte.
Ela é única e cheia de talentos.
Ela transmite confiança e é plena.
Ela faz questão de agradar o marido todos os dias, pois o ama demais. Ela ama trabalhar.
Ela é multitarefas.
Ela é globalizada.
Ela cuida da casa com leveza e naturalidade.
Ela sabe investir seu dinheiro. E sabe fazer render.
Ela não é preguiçosa. Ela é forte e disposta.
Ela é empreendedora e domina seus negócios.

> Ela sabe administrar seu tempo e consegue dar conta
> de tudo. Ela não se esquece dos necessitados.
> Ela não teme o futuro.
> Ela tem bom gosto para se vestir e é exigente.
> Ela tem um marido que é respeitado.
> Ela entende de moda e estilo.
> Ela renova as forças todas as manhãs.
> Ela sorri para o futuro.
> Ela tem sabedoria para falar. Ela ensina com amor.
> Ela sabe administrar a casa. Ela não é inativa.
> Ela é elogiada por seu marido e por seus filhos
> diariamente.
> Ela supera a todas as mulheres aos olhos
> de seu marido.
> Ela não se apega à sua beleza. Ela teme e confia
> em Deus. Que ela receba honra pelo que é
> e pelo que faz.
> Minha paráfrase de Provérbios 31:10-31.

O QUE É BONITO?

Não importa a idade que você tem nem a época em que você nasceu: certamente você foi bombardeada com padrões que ditavam o que era bonito naquele momento. O que "estava na moda". Acredito que você, como eu, se sentia sempre um pouco fora do padrão. Como se, para ser bonita, tivéssemos de ser outra pessoa.

Apesar de ser bem resolvida com minha imagem, eu sempre tinha alguma insatisfação que eu gostaria de "arrumar", partes de mim que não se encaixavam no padrão do momento. Aos 15 anos, queria fazer cirurgia plástica no nariz de tanto ouvir que eu era nariguda. Também tive a fase de me incomodar com o tamanho da testa, porque me diziam que ela era muito grande. Tive ainda vontade de reduzir a mama, visto que, na época, a moda era ter zero busto. Ah, eu também quis alisar o cabelo porque achava tão bonito os cabelos lisos das minhas bonecas.

O quanto a minha autoimagem foi distorcida pelos padrões! Todas as minhas insatisfações estavam associadas ao julgamento das pessoas ou ao que era considerado bonito na época. Cheguei bem perto de mudar minha imagem pelo resto da vida por causa da opinião de algumas pessoas. Será que as pessoas ou o que é moda devem ter tanto peso sobre a imagem que temos?

Recebo mensagens de muitas mulheres que têm a autoestima abalada por conta de opiniões alheias que elas carregam até hoje para frente do espelho. Muitas não conseguem enxergar a beleza única que têm porque aquilo que escutaram de forma errada e mentirosa na infância ou na adolescência continua a ecoar em seus ouvidos e a distorcer a imagem refletida no espelho.

Fico triste ao encontrar tantas mulheres que se esforçam para caber em um padrão ou que se abandonam, de tão cansadas que se encontram por tentar caber em um manequim específico. Raro é ver mulheres que se amam como são, que respeitam sua identidade e que se vestem para si mesmas a fim de ressaltar a originalidade com que foram criadas.

Infelizmente, a consultoria de imagem não consegue mudar o olhar distorcido. Apenas quando respeitamos quem somos, em uma conversa franca diante do espelho e de ninguém mais, conseguimos recuperar um olhar saudável sobre nós mesmas. Passamos a aceitar quem verdadeiramente somos, e não nos enxergarmos a partir da percepção de outras pessoas.

No fim das contas, não operei o nariz; aprendi que a franja cria um ótimo efeito na testa; e descobri várias formas de vestir meu corpo e disfarçar meu busto grande. Mais do que isso, aprendi a admirar a beleza que havia em mim, que me diferenciava de todas as outras mulheres. Hoje, quando olho meu "narigão", acho ele incrível. Se eu tivesse feito plástica, não seria tão eu.

> Você sabia que o nariz transmite uma mensagem sobre quem você é? Pessoas com nariz grande costumam ser mais confiantes e possuem perfil de liderança. Assim como o nome diz muito sobre nós, Deus nos deu traços físicos que transmitem nosso temperamento.

O PRAZER DO AUTOCUIDADO

Precisamos cuidar, da melhor forma, daquilo que recebemos. Isso significa nos vestirmos, nos maquiarmos, pentearmos ou qualquer outra atividade do gênero, para nós mesmas, por puro prazer do autocuidado — não para estar mais bonita do que as outras pessoas.

Talvez você tenha colocado muita pressão ou muita emoção no ato de se vestir. Na verdade, se vestir e se cuidar precisa se tornar um hábito, assim como escovar os dentes e lavar o cabelo. Quando você muda a sua forma de encarar o autocuidado, as tarefas se tornam mais leves. Você se arruma e se cuida, independente do humor ou do ambiente para onde você está se preparando para ir.

À medida que desenvolvemos o hábito de nos cuidar apenas por alegria de sermos quem somos e por gratidão a Deus (mesmo que seja para ficar em casa), nos libertamos da prisão que é se arrumar para os outros. Saímos da competição, da passarela.

A pandemia revelou para muitas pessoas que elas se vestiam apenas para os outros. Quando, um dia, passando em frente ao espelho, perceberam o quanto haviam se abandonado por causa dos meses passados em casa, os efeitos da falta de cuidado foram assustadores. Algumas pessoas acreditavam que haviam se tornado displicentes porque estavam tristes devido ao isolamento — e, de fato, estar isolado foi motivo de tristeza. Mas conviver com sua pior versão todos os dias — porque a motivação para se cuidar não existia mais — é um caminho perigoso que leva à tristeza, ao abandono e até à depressão.

Nós somos seres vivos, e tudo que vive precisa de cuidado. Se você cultiva plantas, você cuida delas: rega, aduba, poda. Se você não fizer isso, elas morrem. Da mesma forma, quem é mãe cuida do filho todos os dias: veste as melhores roupas, alimenta, dá banho, penteia. Por que haveria de ser diferente com você mesma? Assim como plantas e filhos precisam de cuidados diários, nós, mulheres adultas, também precisamos ser cuidadas todos os dias para florescer, para exalar a beleza única que possuímos, para olhar nossa imagem no espelho e amar a pessoa que sorri do lado de lá. É preciso encontrar prazer e alegria em cuidar de si mesma, e fazer do autocuidado um hábito.

O FIM DA COMPETIÇÃO

Tive de aprender ao longo dos anos que cuidar de mim não era uma competição. Sempre vai existir alguém "mais alguma coisa" que eu, por mais que eu me esforce para ser cada vez melhor. Isso precisa estar bem resolvido dentro de nós porque precisamos sair da competição de beleza inconsciente em que muitas de nós vive, medindo a própria beleza a partir da aparência de outra pessoa, e, com isso, atribuindo a si mesma um valor maior ou menor.

Durante toda minha infância eu fui fascinada por concursos de beleza. Participava de todos os desfiles na escola, na colônia de férias, aonde fosse. Eu queria que as pessoas me vissem como eu me via. Queria que elas enxergassem meu potencial. Porém, nunca ganhei nenhum concurso. Cheguei a ficar em segundo ou terceiro lugar, mas isso não me desmotivou. Eu continuava nessa busca incessante de que as pessoas enxergassem o que eu tinha de melhor.

O desejo de ser visto é inerente ao ser humano. Todos temos a necessidade de aceitação. Queremos que as pessoas vejam o nosso melhor. Não há mal nenhum em querer isso. O que adoece é querer ser o destaque em todas as áreas da vida.

A vida pode ser uma passarela construtiva ou destrutiva. Ela nos edifica quando buscamos mostrar quem somos, nosso valor autêntico e nossa beleza única, com o objetivo de inspirar outros e glorificar o Criador. Quando esse é o nosso propósito, então nos vestimos da *melhor* maneira, ou seja, da maneira que *melhor* transmite quem somos, nosso valor e nosso potencial.

Por outro lado, a vida se torna uma passarela destrutiva quando nos fantasiamos de quem não somos com o objetivo de receber das pessoas o reconhecimento que deveria vir de nós mesmas. Quando nosso propósito na passarela da vida é ser *melhor* do que os outros, e não a melhor versão de nós mesmas, fatalmente iremos nos frustrar quando acharmos alguém que, em nossa opinião, é superior.

Seu valor não é relativo, são os padrões de beleza que são. Seu valor é absoluto, porque ele lhe foi dado pelo Criador de todas as coisas. Seu valor está no fato de ter sido feita por Deus, que criou belas todas as coisas.

Valorizando os "defeitos"

Sobre o que você considera defeitos em si mesma, busque entender a origem do seu incômodo. É algo que as pessoas criticavam ou ridicularizavam quando você era criança? É alguma coisa que está fora do que a mídia vende como bonito e aceitável? Encare com mais leveza suas "imperfeições". Essa característica sua que você julga ser um defeito pode se tornar uma marca pessoal. Mulheres têm se destacado por assumirem como sua assinatura o que poderia ser considerado defeito: dentes separados, vitiligo, manchas, cicatrizes, nariz grande, olhos saltados. Talvez você possa transformar isso em uma marca pessoal.

Pare de se arrumar pensando em DISFARÇAR esses pontos e pense em como pode VALORIZÁ-LOS. Só o fato de trocar as palavras já é um ótimo começo. Sua mente vai raciocinar de forma diferente: vai buscar estratégias para criar uma imagem que lhe pareça mais harmoniosa em vez de rejeitar o que parece estar fora do lugar. Então, pesquise maneiras de ressaltar seus pontos fortes. Faça pesquisas na internet, crie pastas de referência. Aceite e abrace o que a torna única.

A segunda coisa a fazer é parar de focar nesses pontos, pois é possível que eles tenham se tornado uma obsessão em sua cabeça. Quando ficamos obcecada com alguma coisa, nossa tendência é destacá-la.

É o que acontece quando colocamos uma roupa que nos incomoda em algum lugar. Uma roupa que tem um decote diferente do que estamos acostumadas a usar, por exemplo. A toda hora, nossa atenção está voltada para aquele decote. Subimos, puxamos, ajeitamos. Com isso, chamamos também a atenção dos outros para aquilo que nos incomoda.

Isso também pode acontecer com partes do corpo. É possível que você já tenha encontrado por aí alguma mulher visivelmente incomodada com a barriga saliente, mas, apesar disso, a roupa que está vestindo evidencia a barriga. A mulher está tão incomodada com aquela parte do corpo que só consegue focar nela.

O segundo erro que se comete ao focar nos defeitos é só se preocupar com eles e esquecer do resto. Isso detona o resto do visual por completo. Pense novamente na mulher com a barriga saliente. A obsessão com a barriga é tão central na hora de se vestir e fazer compras que, na frente do espelho, ela só repara se a roupa marcou ou não a barriga. Se não marcou, ela compra e usa. No entanto, ela não analisou como a roupa vestiu o resto do corpo. Pode ser que tenha escondido a barriga, mas encolheu as pernas e aumentou o quadril.

Então, como disfarçar o que eu não gosto? A resposta é muito simples: foque nas partes de que você gosta. Quando enaltece essas áreas, utilizando peças que chamam a atenção para elas — cores mais vibrantes, brilho, volume, estampas, itens interessantes que atraem o olhar — você não vai precisar esconder a outra parte, porque agora ela não é mais o ator principal do seu look. Basta utilizar aí o que for mais discreto. Resumindo: nas partes para as quais você quer chamar atenção, use peças que atraem o olhar. Nas partes para as quais você não quer chamar atenção, utilize peças básicas, em tons mais escuros, sem muita informação.

A tabela abaixo é bem prática para se vestir sem neuras e sem medo.

O que vestir para **DISFARÇAR**	O que vestir para **CHAMAR ATENÇÃO**
• cores escuras	• brilho
• peças lisas	• cores claras ou vibrantes
• peças sem volume	• estampas
• tecidos opacos	• texturas
• tecidos sem textura	• volumes

Se você foca no todo, a harmonia geral do look é capaz de minimizar os defeitos e ressaltar as qualidades. Quando ressalta as qualidades e deixa de olhar tanto para os defeitos, você tem mais alegria em se vestir e emprega sua energia em valorizar e cuidar do que você tem de melhor. Consequentemente, as pessoas vão reparar mais no que você tem de melhor também.

Eu passei muito tempo da minha vida focada em disfarçar ou em valorizar partes do corpo. Só aprendi a me vestir bem, com prazer e com estilo, quando comecei a vestir minha essência. Assim, não importava tanto se a roupa tinha aumentado ou diminuído minhas proporções corporais. O que me importava era saber se ela transmitia quem eu sou, a beleza que há em mim: minha personalidade e minha essência.

Quando é isso que valorizamos, as possibilidades de se arrumar se multiplicam. Vestir-se não se trata mais de uma tarefa árdua e inevitável, nem algo que fazemos para os outros. Encontramos prazer em brincar com cores, estampas, texturas e modelagens diferentes no look, vendo o que cada possibilidade revela de nós, ressalta de nossa beleza inata e até mesmo de nossa personalidade. Não focamos mais em parecer ter o corpo perfeito, dentro do padrão, da moda e do que os outros esperam. Encontramos liberdade de sermos e vestirmos aquilo que o Criador criou e nos deu.

ATIVIDADES
para refletir

1. Pense em cinco características de sua personalidade que a definem. Elas estão associadas a imagem que você quer transmitir por meio das roupas.

2. Quais situações do cotidiano você não tem medo de enfrentar? Na sua opinião, de onde vem sua segurança para lidar com essas situações? Quando se vestir, analise se a roupa escolhida vai deixar você com essa mesma segurança diante das pessoas.

3. O que as pessoas costumam elogiar ou comentar positivamente em relação à sua personalidade? Procure exibir mais dessas características por meio de suas roupas e da forma com que você interage com as pessoas.

4. Como você costuma reagir a elogios? Por que age assim? Saber receber elogios é um passo importante na caminhada de reconhecer seu valor.

5. Em sua opinião, sua aparência contribui para que as pessoas se aproximem de você? O que a leva a concluir isso? Perceba quais looks seus aproxima ou afasta as pessoas.

6. Você gosta de como sua imagem fica em fotografias? Do que gosta e do que não gosta? Acostume-se com sua imagem. Dê mais valor ao que você gosta e tenha um olhar menos crítico sobre o que não a agrada tanto em si mesma.

7. Você é capaz de admirar sua imagem quando se vê no espelho? Em que ocasiões se sente mais satisfeita e mais insatisfeita com sua aparência? Analise o que você veste que a deixa satisfeita e à vontade com sua imagem, para que você faça mais uso dessas peças.

8. Você já quis que sua aparência fosse semelhante à de outras pessoas? Em quais momentos isso acontece? Se sim, repare se você tem o hábito de se comparar com outras pessoas. Pense em trocar de hábito: deixar de seguir certos perfis em redes sociais que a fazem se sentir inferior; notar em você características únicas e, portanto, belas.

para praticar

1. Durante a próxima semana, faça o seguinte exercício: olhe-se no espelho e faça um elogio sincero a si mesma. Pode ser em relação a algo que você faz bem, à um detalhe de sua aparência, a um aspecto de sua personalidade. O importante é fazer um elogio *novo* e *sincero* a cada dia.

2. Escolha um ponto do seu corpo de que gosta. Vale qualquer parte: unhas, olhos, pescoço, pulsos, dedos... Pense em

algumas formas de valorizar essas áreas, atraindo a atenção para elas.

3. Veja fotos suas, relembre momentos que viveu e perceba quando você se sentiu confiante com sua imagem. Analise o que você estava vestindo e repare em peças e looks que costumam deixá-la mais confiante.

capítulo dois

AUTOESTIMA

A autoestima começa em como que você se enxerga. Quando reconhece sua imagem real, você é capaz de definir seu projeto de construção da imagem ideal — aquela que irá deixá-la confiante e segura. É uma imagem que nasce de sua autoestima e diz respeito apenas a você mesma; não é um produto da indústria da moda nem da sociedade.

a amiga

Eu tinha 9 anos. Era a apresentação do coral, e eu ia fazer um dueto com uma amiga. Minha mãe, como sempre, me embonecou toda e eu estava linda.

Ao chegar no local da apresentação, vi minha amiga e achei que ela estava bem mais bonita do que eu. Desmoronei. Segurei o choro e, quando encontrei uma oportunidade, fui para um canto sozinha chorar. Eu me sentia estranha, feia. A roupa que eu tinha achado linda, não tinha mais graça. Minha imagem que parecia ser tão bonequinha, em um passe de mágica, deixou de ser. Veio uma enorme frustração.

Essa necessidade de me sentir adequada e bonita caminhou comigo por muitos anos. Na minha cabeça eu não aceitava ser mais ou menos. Eu precisava ser A MAIS. Passei a vida me comparando com outras pessoas, numa disputa que, no fim das contas, me fazia competir comigo mesma.

Esse foi o primeiro episódio de muitos, e eu passei muito tempo nessa busca de ser... sabe-se lá quem.

QUANDO uma mulher inicia um trabalho de autoconhecimento, ela percebe que existe em si uma beleza que ainda não foi explorada. Ao compreender quem é, ela passa a ter prazer em se descobrir e em valorizar sua imagem real e única. Porém, se a mulher desconhece sua beleza e seu valor únicos, seus olhos automaticamente se fixam naquilo que é vendido como belo pelas redes sociais, pela indústria da moda ou pela sociedade. Geralmente se trata de uma imagem-padrão, que reflete uma minoria das mulheres e das belezas reais que existem.

O início do processo de desenvolvimento da imagem pessoal começa na autoestima. Ela é a responsável por fazer as mulheres se arrumarem com facilidade ou com muita dificuldade.

Muitas mulheres não conseguem se vestir como gostariam por acreditarem que não existe roupa que funcione para elas — ou porque ainda não têm a peça certa em um guarda-roupa que já está lotado. Na verdade, nada disso é o real motivo. O problema é que, provavelmente, elas possuem uma visão distorcida sobre quem são de verdade, ou não aceitam a imagem que possuem. Aprofundar a autoestima e aceitar-se é o caminho para sair da zona de conforto, descobrir a força que sua própria imagem tem e explorá-la.

IMAGEM REAL X IMAGEM IDEAL

Todas nós possuímos duas imagens: a *real* e a *ideal*. É da junção equilibrada dessas duas imagens que se cria uma autoimagem sadia e o estilo pessoal.

A imagem ideal é a projeção do que queremos ser, a impressão que queremos causar nas pessoas. Por exemplo: há mulheres que querem ser consideradas elegantes; outras querem passar a impressão de que são criativas. A imagem real, por sua vez, é quem somos de verdade, nosso verdadeiro eu. Não se trata só do que você vê no espelho: o formato do corpo, sua cor de pele, cabelos e olhos, sua altura ou suas medidas. Nossa imagem real não está na forma física. Ela vai além: envolve gostos, personalidade e criação. É o resultado do que vivemos até este momento, de nossas experiências e escolhas.

Embora as duas imagens sejam importantes, a imagem real possui prioridade sobre a ideal, pois, enquanto uma mulher não ver corretamente sua imagem real e aceitá-la, ela terá dificuldades de se sentir bem em qualquer roupa. O problema dela, na verdade, não está na imagem, mas nos seus olhos, na forma com que se vê.

A imagem sadia é a junção da imagem real (quem você verdadeiramente é) com a imagem ideal (como você quer ser vista). Ou seja, primeiro, você precisa compreender e aceitar quem é: sua personalidade, suas opiniões, suas escolhas, seu jeito de falar, de gesticular, de agir, de andar, de se comunicar. Após compreender-se e aceitar-se, você traça sua estratégia de imagem a partir das características que quer transmitir, ou seja, aquela que você quer exibir para o mundo. Essa é sua imagem idealizada.

Vou usar minha imagem como exemplo. Eu sou uma pessoa comunicativa, porém introvertida. Sou extravagante, sincera, objetiva, direta e prática. Também sou focada, pragmática, consistente, influenciadora, perseverante, exigente, criteriosa e líder. Essa é minha imagem real. A imagem que eu idealizo transmitir é de uma mulher forte, otimista, determinada, exigente, influenciadora e líder. Para isso, quando penso em meu visual, procuro peças e formo looks que transmitam essa imagem. Em termos práticos, eu opto por peças estruturadas, cores intensas, cores neutras claras, peças de qualidade com toques extravagantes. Falando em estilo, esse seria um visual moderno e elegante.

Percebeu que na minha imagem idealizada, na mulher que quero mostrar para o mundo, e no meu visual, tem muito da minha imagem real? Eu apenas selecionei o que quero transmitir e como quero transmitir. A minha opção pelo visual elegante e moderno não é uma escolha aleatória, mas flui das minhas características pessoais.

Dessa forma, sua imagem idealizada não é uma fantasia nem um personagem idealizado, mas seus pontos mais fortes e positivos em destaque. É assim que as duas imagens — real e ideal — caminham juntas, construindo uma imagem única, verdadeira e com muito estilo.

Se eu...

Se eu tivesse descoberto o potencial da minha imagem antes.

O corpo ideal seria o meu.

Não teria privado minha alimentação tantos anos da minha vida.

Seria segura de quem eu sou.

Não me importaria com a opinião dos outros sobre minha imagem.

Teria o prazer de me olhar no espelho e de me arrumar.

Não me sentiria inferior quando visse uma mulher bonita.

Não teria chorado algumas vezes por não saber o que vestir.

> Economizaria muito dinheiro.
> Saberia quais roupas funcionam em mim.
> Teria um closet com bem menos peças.
> Saberia expressar quem eu sou com as roupas certas.
> A moda seria uma paixão, não uma imposição.
> Escolheria minha roupa em dois minutos.
> E me vestiria de mim mesma o resto do tempo.

RÓTULOS

A insatisfação com as roupas ou com a autoimagem vem de dentro, não do que você veste. Vem dos comentários que escutou a vida toda e que você tomou como a verdade última a seu respeito. Vem das situações difíceis que vivenciou com seu corpo. Vem das marcas do passado. Vem de não parar e aceitar sua imagem real, de não traçar seu projeto de imagem.

Enquanto não abrirmos nossa bagagem de vida e separarmos verdades de mentiras, acolhendo o que passou, mas não permitindo que isso defina o que virá, as roupas continuarão a não servir, o espelho seguirá sendo um inimigo, e a balança permanecerá o maior de todos os vilões.

Provavelmente, você recebeu muitos rótulos durante sua caminhada: extrovertida, tímida, insegura, faladeira, calada... Todas nós já escutamos repetidas vezes que somos algo bom ou ruim e passamos a acreditar que somos exatamente a pessoa que os rótulos dizem que somos. Quando menos percebemos, estamos nos rotulando da mesma maneira.

"Eu sou assim mesmo!", dizem muitas mulheres, usando essa frase como justificativa para não se conhecerem de verdade nem explorarem seu potencial da melhor forma.

Porém, antes de sair repetindo o que ouviu a vida toda, você refletiu sobre cada um desses rótulos que recebeu? Quais são verdades e quais não são? Deixar que as opiniões de outras pessoas dominem suas atitudes paralisa e não contribui para conhecer sua imagem real nem formar sua imagem ideal.

Talvez hoje você esteja vestindo essa pessoa que os rótulos criaram, e não seu verdadeiro você. Por isso, não se sente 100% à vontade nas roupas que tem, nas que adquire, nem consegue definir seu visual. Fica insatisfeita diante do espelho, mas quando pensa em vestir quem você verdadeiramente é, sente-se envergonhada.

Aquele melasma se torna uma mancha sinistra, aquela barriguinha vira um peso incapaz de carregar, aquele quadril não cabe em seu padrão. O que você mais queria, muitas vezes, era voltar a ter um corpo infantil, sem formas, reto, sem gordura, uma pele lisa, sem manchas, sem espinhas. Mas isso não vai acontecer. Você já se tornou mulher. E a imagem que você tem hoje é parte de tudo que viveu.

Toda mulher é capaz de se libertar do passado, dos apelidos, dos rótulos, das cobranças, das comparações e respeitar quem é: seu corpo, suas formas, sua personalidade, seu estilo. Essa liberdade para se vestir depende de olhar para o passado como a caminhada que a trouxe até aqui e formou quem você é, e não como uma prisão da qual você tenta se livrar, uma dor que você tenta medicar, ou algo que quer ser esquecido de qualquer maneira.

Enquanto não encarar o passado como parte de quem você é hoje, você terá dificuldades em se vestir, pois é como se quisesse usar as roupas de outra pessoa, na tentativa de esquecer tudo que passou e provar para si e para o mundo que aquilo não a representa, ou que não a afetou. Mas afetou e moldou você, foi parte do processo que fez de você quem é hoje.

Desapegar-se do que já foi também vale para pessoas que vivem em nostalgia, suspirando por um tempo que já passou.

Conheci mulheres que vivem o hoje com o olhar lá atrás. Elas têm um potencial incrível, mas insistem em acreditar que se vestiam melhor quando eram jovens, ou antes de se casarem, ou antes de terem filhos, ou antes de qualquer coisa. Muitas guardam as roupas de 1900 e bolinhas na esperança de um dia voltarem a usá-las.

Acredite: você não vai usar as roupas que usava porque você não é mais aquela pessoa. Você evoluiu, se transformou, está em outra fase de sua vida.

Precisamos vestir o corpo e a história que temos hoje. Precisamos entender quais são nossos objetivos de vida, nossa rotina, nossos sonhos, nosso corpo, nossa idade, e então vestir essa pessoa. Ficar presa no passado faz com que a pessoa tenha um guarda-roupa lotado de história, e não de roupas. Por isso não tem nada que dê para usar. Talvez você não concorde agora comigo, mas se pensar bem em tudo o que já superou, tenho certeza de que você, na verdade, não tem vontade de passar por tudo de novo até se tornar quem é hoje.

Você deve estar se perguntando: "Mas a moda sempre volta, não é?". Sim, ela volta, mas quando uma tendência retorna, ela vem atualizada, com outra modelagem, outro tecido, outra cor. Da mesma forma que você precisa se adaptar às mudanças que acontecem na sua vida, é preciso fazer a mesma coisa com seu guarda-roupa: atualizá-lo junto com você.

Porém, antes de arrumar o guarda-roupa, é preciso organizar essa bagunça interior.

> Talvez a bagunça interior esteja tão grande que você não sabe por onde começar. Vou lhe dar algumas dicas para resgatar sua identidade.

1. Vamos começar por sua imagem real. Liste 10 qualidades suas (não vale funções que você exerce nem partes físicas).
2. Descreva a imagem que você quer transmitir para as pessoas (a idealizada). Lembre-se de que ela deve conter características de sua imagem real.
3. Pense nos rótulos que você recebeu ao longo da vida. Que tal escrever todos eles e entregar para Aquele que criou seu projeto original de imagem e sabe exatamente quem você é?
4. Uma coisa que fiz ao longo dos anos foi pedir a Deus que me mostrasse quem eu sou aos olhos dele. Considere inserir esse pedido em suas orações diárias.
5. Relembre momentos ou fases de sua vida em você que se sentia bonita. Pense quem você era e quem é hoje. Agradeça pelo que viveu e traga para o hoje o que é válido para sua vida.
6. Atualize sua autoimagem. Escreva quem você é, quais papéis executa em sua rotina, os lugares que frequenta, os cargos que exerce, os passatempos favoritos.

Eu comecei a fazer isso há alguns anos, e continuo nessa caminhada. Os rótulos que não eram verdade não me pertencem mais. Aos poucos, abandonei palavras e descrições que recebi durante muito tempo, e redescobri minha identidade e meu estilo pessoal. A Karol dos rótulos, volta e meia, bate à minha porta querendo me intimidar. Mas eu descobri quem verdadeiramente sou e hoje posso ajudar mulheres a perceberem também quem são, e a se libertarem de tantos padrões impostos por pessoas ou por elas mesmas ao longo da vida.

A PERFEIÇÃO INALCANÇÁVEL

Os padrões estão em todo lugar: na mídia, nas propagandas, nas redes sociais. Em minha caminhada como consultora de imagem, conheci mulheres que passaram a vida gastando dinheiro, tempo e energia com roupas, cosméticos, tratamentos estéticos, intervenções cirúrgicas sem, contudo, alcançarem a imagem ideal. Não quero, com isso, dizer que essas ferramentas não devem ser utilizadas. Eu mesma faço uso de algumas delas. O ponto é que quem não tem satisfação com sua imagem real jamais caminhará de maneira equilibrada para o que deseja viver. O perfeito não existe.

Isso me faz pensar na famosa história bíblica de Lia e Raquel. As duas irmãs foram dadas em casamento ao mesmo homem, Jacó. Não era o que Jacó queria, porque desde o começo ele gostava de Raquel, e não de Lia. Mas tendo sido enganado pelo sogro, ele teve de conviver boa parte da vida com o pesadelo de duas irmãs que eram terríveis rivais.

Raquel era mais atraente que Lia, e a Bíblia diz que, por isso, Jacó gostava dela. Lia, por outro lado, era fértil, enquanto Raquel não podia ter filhos. Durante toda a vida, as duas irmãs viveram competindo pelo amor do marido. Uma queria ser A MAIS.

Lia foi mãe da metade dos filhos homens de Jacó, e da única menina, Diná. A cada bebê que nascia, ela dava aos filhos nomes que expressaram sua angústia em não ser a esposa favorita:

- Rúben: “O Senhor viu a minha infelicidade. Agora, certamente o meu marido me amará”.
- Simeão: “Porque o Senhor ouviu que sou desprezada, deu-me também este”.

- Levi: "Agora, finalmente, meu marido se apegará a mim, porque já lhe dei três filhos"
- Judá: "Desta vez louvarei o Senhor".
- Issacar: "Deus me recompensou por ter dado a minha serva ao meu marido".
- Zebulom: "Deus presenteou-me com uma dádiva preciosa. Agora meu marido me tratará melhor; afinal já lhe dei seis filhos".

Raquel, por sua vez, já tinha garantido o amor do marido. Mas ela se sentiu ameaçada pela irmã superfértil, e achou que o que tinha — sua beleza e o amor do marido — não era suficiente. Ela projetou para si a imagem ideal de ser mãe, e se angustiou quando não conseguiu: "Quando Raquel viu que não dava filhos a Jacó, teve inveja de sua irmã. Por isso disse a Jacó: 'Dê-me filhos ou morrerei!'" (Gênesis 30:1). Duas irmãs, com atributos diferentes, mas insatisfeitas, cada uma querendo o que a outra tinha.

Você percebe como isso adoece a alma? Como essa necessidade do inalcançável cansa? É impossível alcançar uma meta se não conseguimos nem ao menos defini-la. Eu digo isso porque já vivi essa doença da alma.

No ano em que menstruei, foi como se uma nova Karol surgisse em mim, trazendo outro corpo. Minha silhueta magricela se transformou nas curvas da Kim Kardashian em menos de um ano. Eu, que usava sutiã só para fazer vista, passei para o tamanho 46. Foi bizarro. Eu me senti enorme, inadequada, estranha.

Ouvia piadas sobre o tamanho do meu busto. Eu usava um sutiã de vovó, daqueles beges "bem bonitos", para sustentar os seios, e jamais usava blusa ciganinha, frente única, com alça, sem alça — nada que não fosse possível vestir com meu super-sutiã armadura.

Era fato: todo o meu encanto pelas roupas jovens e atuais teve que ser revisto, novamente. Precisei me reinventar mais uma vez e adequar aquele novo corpo extremamente curvilíneo a roupas que escondessem tanto volume.

Então, em vez de me odiar, fiz do limão uma limonada. Comecei a malhar, a ganhar massa muscular e a exibir minhas curvas nas roupas. Entrei para o curso de Educação Física e dava aulas em academia. Até me dediquei nos treinos para competir em concursos de Miss Fitness.

Pense em uma pessoa focada! Eu só comia ovo, proteína, salada e muito suplemento. Cheguei a ter 10% de gordura corporal. Talvez você pense: "Que sonho! Toda sarada". Pois eu digo: "Que pesadelo!". Quanto sacrifício para nunca estar bom o suficiente.

A verdade é que eu malhava demais, não comia nada (cheguei a levar minha marmita para eventos informais na casa de outras pessoas para não comer nada fora da dieta — que falta de educação!), mas quando me olhava no espelho, me achava gorda. Nada parecia vestir bem a não ser a roupa de academia, toda colada.

Quantas vezes, nessa época, chorei por não encontrar uma roupa adequada? Quantas vezes deixei de sair por não me sentir bonita?

Minha corrida pela perfeição me fez perder o limite. Quando atingia o peso ideal, eu queria perder mais. Quando ganhava massa muscular, queria ganhar mais. Nunca estava bom. A insatisfação crônica tomou minha mente, dirigiu minha vida e cegou meus olhos. Eu me via de forma distorcida. Competia comigo mesma. Queria ser melhor do que todos e do que eu mesma. Se eu visse uma mulher que eu considerasse mais sarada ou mais bonita que eu, eu ficava completamente frustrada. Eu me sentia inferior porque tinha que ser A MAIS. Isso se refletia no meu jeito de me vestir: roupas curtas, coladas, decotadas, tudo que exibisse meu corpo e me desse elogios. Eu precisava deles para tentar me convencer de que eu era bonita. Mas eu mesma não achava isso nem acreditava nos elogios que recebia.

Hoje, entendo que a minha insatisfação surgiu pelo simples fato de eu insistir em querer medir o nível de beleza. Percebi que a beleza é efêmera, ela depende do gosto, da época, das tendências. Ela também é imensurável. Quem é o detentor do que é O MAIS BELO, a não ser Deus? Se Ele fez todas as pessoas perfeitas, com suas características únicas, com um propósito específico, por que acreditamos que, quando uma pessoa diz que não somos bonitas, essa é a verdade? Ou por que analisamos nossa beleza de acordo com a beleza de outras mulheres, a partir de fotos nas redes sociais? Por que, quando nos arrumamos para sair, nos sentimos inferiores, menos bonitas, menos saradas, menos qualquer coisa?

Encare o fato: eu e você somos diferentes! Temos propósitos diferentes, vidas diferentes, objetivos diferentes. Da mesma forma, temos corpos diferentes, cabelos diferentes, sorrisos diferentes. E é isso que é belo! Ser diferente, ser única. No fim, percebemos que sofremos muito por nada, por idealizações que nós mesmas criamos.

A partir do momento que abandonamos a competição e nos enxergamos com amor, percebemos nossa beleza e valorizamos o que temos de melhor. Mais do que isso, deixamos de reproduzir o padrão que nos foi imposto e respeitamos o padrão de beleza de cada um — inclusive o nosso. Hoje, sou capaz de admirar muitas mulheres sem me diminuir. Consigo ver a beleza nelas, enquanto valorizo a minha beleza. Eu me encontrei em mim mesma.

Mulher-maravilha

Tem dias que a gente é mulher-maravilha.
Acorda correndo e dá conta da vida.
Se enche de força e sorri para o incerto.
Porque no final tudo pode dar certo.

Tem dias que a gente é mulher-maravilha.
Levanta a cabeça e olha pra cima.
Esquece o que ontem tomou nossa mente.
E deixa a esperança chegar de repente.

Tem dias que a gente é mulher-maravilha.
Em busca de um mundo melhor pra família.
Ajusta a agenda e encontra mais tempo.
De estar com os nossos, viver o momento.

Tem dias que a gente é mulher-maravilha.
Se deita cansada, mas com alegria.
Por ver que o dia foi só mais um dia.
Da vida que a gente transforma em poesia.

UM PADRÃO IRREAL

A questão corporal é um limitador enorme para muitas mulheres. Na verdade, não considero isso um mero drama feminino, mas consequência do que vimos na mídia a vida toda: mulheres sempre magras, altas, loiras, bem diferente do que nós somos. Um padrão que, na verdade, nunca teremos.

Se pensarmos em como isso se agrava hoje, com tantos aplicativos e recursos para "consertar o imperfeito" e deixar todo mundo de um jeito completamente falso nas fotos e nos vídeos, o efeito que isso causará nas novas gerações pode ser muito cruel. Uma insatisfação crônica por jamais conseguir ter o visual que se alcança manipulando as fotos. Hoje, o requisito não é mais só ser magra e alta. A superdefinição das câmeras exige de nós pele de bebê, sem rugas, boca grossa, nariz fino e empinado, queixo definido, sobrancelhas arqueadas e com volume, cílios de boneca, unhas enormes, além do pacote busto grande-bumbum redondo-cintura fina.

Mas pele de bebê é para bebês. A minha pele e a sua têm quantos anos? Vamos viver insatisfeitas o resto da vida porque não temos a aparência de uma pessoa de 2 anos de idade? É pura utopia.

Os padrões de beleza uniformizam as pessoas, e destroem identidades. Todo mundo fica igual: cabelo igual, rosto igual, medidas iguais, unhas iguais. No entanto, o que era considerado bonito dois anos atrás, logo será considerado feio, datado, ultrapassado. Na minha adolescência, o bonito era ter bumbum grande e zero busto. Hoje, quanto maior o busto e mais fina a cintura, melhor. Daqui a uns três anos, haverá outra estética ideal.

Mas será que nós somos mutantes? Conseguiremos nos transformar a cada três anos para acompanhar o padrão imposto? Mais ainda: *queremos* viver nessa roda viva de correr atrás do que a mídia diz ser bacana hoje?

Muitas mulheres passam horas nas redes sociais admirando o corpo, o cabelo, o look de outras mulheres, com a mente na escassez. Ou seja, focam apenas no que não possuem e se sentem menos, inferiores, inadequadas. As redes sociais estão aí para isso: mostrar o que você não tem, a vida fake e feliz que todas as pessoas parecem ter, o corpo perfeito que todo mundo sabe que foi modelado no aplicativo. Mesmo assim, gostamos de admirar essa irrealidade e de nos medir segundo esses padrões.

Por que gastar seu tempo e ocupar sua mente comparando-se a pessoas que não são iguais a você? Pessoas que nem existem de verdade? Em vez de se dedicar a essa atitude destrutiva, o melhor é trocá-la por outro hábito: perceber sua beleza real e dar voz a ela. Esse novo hábito fará com que as roupas funcionem, lhe mostrará que se vestir e se cuidar é prazeroso, e permitirá que você enxergue a si mesma de uma maneira diferente. Mais saudável, mais real.

Não permita que seu corpo, ou o seu visual fora do padrão, seja um limitador na hora de se arrumar. Crie seu padrão, suas próprias regras de estilo e se reinvente quantas vezes forem necessárias. Seja da infância para a adolescência, da faculdade para a vida profissional, de solteira para casada, de mulher sem filhos para mãe, seja após a crise da meia idade, seja quando atingir a maturidade: descubra quem é você em cada uma dessas fases, procure a beleza desse seu momento de vida e celebre suas mudanças.

Não existe nada mais bonito do que se vestir de forma real para a vida real e curtir cada fase: a do vestido de boneca, a da jovem descolada, a da debutante, a da estudante, a da empresária, a da noiva, a da gestante, a da mãe, a da mulher madura. Cada uma delas é divertida e única. Viva o seu hoje e vista-se para ele.

NÚMEROS

"Ah, Karol, mas esse corpo que eu tenho hoje não me pertence. Quando emagrecer eu..."

Você já disse isso? Pensou nisso enquanto lia as últimas páginas? Conheço mulheres que abandonaram projetos, deixaram de ir a algum lugar, não investiram em um relacionamento ou desistiram de um novo emprego ou promoção simplesmente por estarem insatisfeitas com seu corpo. Na maioria dos casos, estavam insatisfeitas com seu peso ou manequim.

Os números paralisam as mulheres. Quanto tempo você já se torturou ao se vestir pensando em números? Seja o número da roupa, o número da etiqueta, o número da balança, o número da fita métrica...

Na minha adolescência, alguma criatura sem noção inventou que o peso ideal para a mulher deveria ser 10 números a menos que os centímetros de sua altura. Dessa forma, eu, que tenho 1,62, deveria pesar 52 quilos. Coitada de mim. Neta de alemães, herdei uma estrutura densa, larga e pesada. Ganho massa muscular com tanta facilidade que chega a irritar. Mas não é a maravilha que parece. Qualquer atividade física que eu fizer irá me engordar, não emagrecer. E ainda que eu perca gordura, não afino: vou ficando cada vez maior.

Se isso não fosse dramático o bastante, na época da escola, outra pessoa sem noção decidiu que, na aula de educação física, os alunos teriam de se pesar um na frente do outro. Era o dia de maior terror e pânico para mim no ano inteiro. Seria quando todos descobririam que eu era pesada, e me considerariam uma menina gorda — meu maior pesadelo. Foi nessa época, com essas imposições do quanto eu deveria pesar, e com os episódios anuais de enfrentar a balança em público, que minha autoimagem começou a se distorcer.

Hoje sei qual é minha formação corporal, sei que ganho massa muscular com facilidade e que, portanto, serei mais pesada que a maioria das pessoas que têm minha altura. E está tudo bem.

Hoje eu me aceito. Mas quando penso no tempo que gastei por causa de números, vejo que só saí perdendo. Se eu não ligasse para nada disso, teria tido mais liberdade para me vestir e, consequentemente, seria mais feliz, satisfeita e confiante.

Os padrões, as imposições, as metas inalcançáveis são tão tóxicos que, na maioria das vezes, ao invés de motivar as mulheres para alcançarem sua imagem ideal, aceleram um movimento contrário. Paralisam, desanimam, frustram, deprimem, causam ansiedade e tornam o autocuidado um momento de tortura, e não de prazer.

Enquanto não aceitamos nosso corpo e não o respeitamos, seguimos insatisfeitas com nossa imagem e com tudo que vestimos. Porque o padrão não está só nos números, mas no que se veste, no corpo que se deve ter para vestir tal peça que está na moda. Isso é muito medíocre. Somos mais do que números, metas e tendências. Somos reais.

Só você sabe e só você deve saber seu número na balança e na fita métrica. Você não sai à rua com eles estampados no rosto. Se algo a incomoda no seu peso ou em suas medidas, corra atrás do que considera ideal, mas sem que isso a transforme em outra pessoa. Não permita que números a façam se sentir inferior, muito menos que a escravizem.

Conheço mulheres que se permitem limitar por muitos números. Algumas compram uma peça só porque a numeração na etiqueta é menor do que as roupas que elas têm no armário. Outras se recusam a vestir uma roupa G que caiu muito bem apenas porque seu manequim é M. E não poucas compram peças que não funcionam no seu corpo nem no seu estilo por causa do número na etiqueta de preço: algumas preferem pagar caro para ter status, e outras só pagam barato porque não resistem a uma promoção.

Enquanto não nos desprendermos dos números, nunca nos vestiremos de forma livre e prazerosa. Pare de pensar que você só será digna de se vestir bem quando estiver quilos mais magra, quando tiver alguns centímetros a menos de quadril, ou quando a etiqueta marcar um preço altíssimo ou superbarato. Isso tudo não tem poder nenhum em valorizar sua imagem.

Negar-se o direito de se vestir bem porque você não está no padrão acaba sendo uma autopunição. Como se você não merecesse se sentir bonita porque não tem o que o mundo diz que você precisa ter. Esse pensamento dá início a um ciclo vicioso: você não se cuida e transmite uma imagem desleixada. Com isso, não recebe elogios, não gosta de ver a si mesma e afirma, cada vez mais, que você está mal e não merece ser cuidada.

Interrompa esse ciclo, cuide-se hoje! Entenda suas formas, valorize sua imagem. Seu peso e suas medidas representam quem você é. Não encarar a balança é negar parte de sua história. Aceite cada quilo que você tem até que ele não esteja mais com você. Não vale a pena negligenciar sua imagem durante um período à espera das medidas ideais. Talvez a medida ideal seja a que você tem hoje e você nem se deu conta disso. Ame seu corpo, ele merece ser valorizado. Você é mais do que números, tenha certeza disso.

ESTILO OU FANTASIA?

Quem se veste pensando apenas em valorizar ou disfarçar o corpo não terá prazer em elaborar um look. Arrumar-se será uma tarefa chata e cansativa. Eu garanto, por experiência própria, que quem pensa assim, quando atingir a meta que idealizou, possivelmente encontrará uma ou mais insatisfações no seu visual com as quais se preocupar.

O que deve ocupar sua mente não é o que outros vão pensar de você por vestir tal roupa, mas se a tal roupa comunica verdades sobre quem você é. Quando você se vestir de si mesma e gostar da imagem que construiu, você terá muita confiança, e ela irá com você aonde você for.

Eu particularmente gosto de observar o comportamento das pessoas a partir de suas roupas, sem julgamentos do que é certo ou errado. Apenas observo as escolhas. A roupa é presente na vida de todos, e as escolhas de cada um dizem muito a seu respeito.

Um dia, eu estava em um restaurante, e na mesa em frente à minha se sentou uma mulher vestida com uma calça superjusta, cintura marcada, blusa colada com decote ombro a ombro, salto meia-pata nas alturas, cabelo com um longo aplique, cílios longos nitidamente fio a fio, sobrancelhas ultra-arqueadas e um bronzeado de fita isolante. Para o padrão atual de beleza, ela estava 100% dentro da proposta. Mas o look supersensual, quase erótico, daquela mulher me fez pensar se ela escolheu aquela roupa porque o look representava quem ela era, ou se foi por uma necessidade de ser aceita e estar adequada ao que "todo mundo usa".

O comportamento de se adequar é mais comum do que se imagina. São pessoas copiando pessoas, negligenciando sua essência e abandonando o que cada um tem de melhor — sua autenticidade. Pessoas não têm se vestido, têm se fantasiado de alguém. Não falo apenas do look sensual, mas de qualquer estilo de roupa ou de vida que não seja fiel à essência de quem usa.

Não existe forma mais mentirosa de viver do que se vestir como outra pessoa, agir como quem não é de verdade, ou fingir um sucesso pessoal que não existe. Ou seja, viver atrás de uma máscara, num mundo fake que você tenta reproduzir toda vez que se encontra com seu eu real.

Se você vive em busca de uma roupa que transforme seu visual, que mude sua aparência, você provavelmente nunca estará satisfeita com sua imagem real. É claro que a imagem abre portas. A imagem ideal que construímos ao longo da vida, entre outras coisas, tem o objetivo de nos levar a essas portas, de nos permitir vivenciar as experiências que desejamos. Mas ela deve ser formada com prazer e leveza, e a partir de sua identidade real, não de padrões definidos por outros.

Espelho mágico

Eu só queria ter um espelho.
Que me fizesse enxergar a beleza.
Que revelasse quem eu sou por dentro.
E apagasse de mim a tristeza.

Eu só queria ter um espelho.
Que me convencesse de que tenho valor.
Que refletisse só as qualidades.
E ao ver meus defeitos sentisse amor.

Eu só queria ter um espelho.
Que tivesse o poder de me transformar.
Que me atraísse todas as manhãs.
E sempre comigo quisesse flertar.

AS DUAS FACES DO ESPELHO

Eu acredito que o melhor remédio para a autoestima é o espelho. Sei que é um problema, pois mulheres que têm a autoestima machucada preferem passar bem longe dele. O que elas ainda não entenderam é que a falta de aceitação da imagem está diretamente ligada à falta de autoconhecimento e de autoestima. Ou seja, se não se enxerga, você não se conhece e, consequentemente, não se aceita.

Ter o hábito de se olhar, em primeiro lugar, leva você a se acostumar com sua imagem. Não olhe procurando defeitos nem se fixe naquelas partes que mais a incomodam. Olhe como faz quando conhece alguém pela primeira vez. Qual é a cor dos olhos da mulher no espelho? Como é a postura dela? Como ela fica quando sorri? Como ela move as mãos enquanto fala?

O mais importante é observar a imagem sem julgamentos. Apenas para conhecê-la, desprovida de preconceitos e rótulos. Quando você pensa — ou, ainda pior, diz — que está gorda demais, magra demais, que seu cabelo não é legal, que sua pele está manchada, que tem rugas, que tem dobrinhas demais ou falta de curvas, e tantas outras insatisfações, todas essas frases atingem apenas você mesma. E elas não irão mudar o que está no espelho nem a forma com que você se enxerga. Pelo contrário, elas fortalecem seu olhar julgador, crítico, insatisfeito, reclamão. Uma hora você vai acreditar, de verdade, que só tem defeitos. Não vai mais conseguir enxergar suas qualidades.

Livre-se desse olhar maligno. Se for muito difícil ver algo positivo em sua imagem, peça a Deus que lhe faça ver a si mesma como Ele a vê.

A partir desse autoconhecimento você se descobre. Repara em belos atributos que passavam despercebidos por causa do olhar crítico e viciado em defeitos. Você compreende as proporções do seu corpo, percebe o que favorece e valoriza sua imagem. A cada dia, aprende a se gostar mais. Mas para viver essa redescoberta, você precisa se comprometer a olhar para suas qualidades, aprender a admirar o que tem de melhor, e trocar o hábito de se depreciar pelo hábito de se admirar.

Muitas mulheres pensam que teriam uma aparência melhor se elas soubessem se vestir ou se maquiar. Essas, porém, são coisas que só se aprende na prática. Cursos e consultorias podem ajudar, mas não fazem milagre. Como em tudo na vida, o aprendizado sem prática é morto. Ter conhecimento sem amor-próprio e sem prática é inútil. O espelho é o espaço da prática, do autodescobrimento. É aí que você experimenta cores, texturas, traços, acessórios. Mas, para isso, é preciso estar de bem consigo, com sua imagem real, desprovida de armaduras, e ter disposição de praticar tudo que aprende, sem medo.

Se você fizer o contrário, ou seja, não se olhar no espelho, terá dificuldade para se vestir, pois nunca vai descobrir o que valoriza ou não o seu corpo. O hábito de não se perceber torna você uma estranha para si mesma, ou seja, ao se olhar no espelho, é como se você visse uma pessoa com quem não tem intimidade, que não conhece. O mesmo acontece na hora de comprar roupas. Ao sair para as compras você se sente como se estivesse comprando um presente para alguém que mal conhece, sempre com medo de dar errado. Mulheres que têm essa atitude dependem constantemente da opinião dos outros e de referências externas para se arrumarem e para fazer compras, porque a cada vez que se trocam, é como se vestissem um desconhecido. Para elas, encarar o provador da loja é um verdadeiro drama. Muitas vezes acabam levando a roupa sem provar e, quase sempre, acabam com uma peça que não as favorece.

Antes de buscar looks na internet ou imagens que a inspiram, invista em conhecer sua imagem real e teste o que realmente funciona em você. Será mais gratificante e fará diferença na hora de você se vestir. Isso porque, ao invés de tomar como referência a imagem e o estilo de outras pessoas, você focará em criar suas próprias referências baseada em seu próprio corpo e em sua personalidade. Você só vai aprender a se vestir quando aprender a se enxergar.

> Olhe-se no espelho todos os dias. Fotografe os looks que você achou que ficaram muito bons e arquive todos eles para que você tenha uma biblioteca de imagens suas. É um hábito transformador.

Saiba, por fim, que o que você verá no espelho não será a mesma imagem todos os dias. Seus olhos mudam de foco dependendo de como você se sente, do seu estado de humor.

Pense em um dia em que você estava se sentindo bem, feliz e realizada por algum motivo. Como você se sentiu em relação a sua imagem? Você se sentiu bonita ao se olhar no espelho? Provavelmente não foi difícil escolher a roupa que você queria vestir. Parecia que tudo funcionava. Da mesma forma, quando vamos às compras felizes e decididas a gastar por puro prazer, as roupas parecem tão legais, tudo parece ficar mais fácil.

Agora, pense em um dia em que você não estava bem, talvez por causa da TPM, ou um dia em que nada parecia dar certo. Como você se sentiu em relação à sua imagem naquele dia? Sentiu-se bonita? Provavelmente foi muito difícil escolher o que vestir para sair de casa.

Perceber como se está por dentro muda totalmente a forma de você se relaciona com sua imagem e com suas roupas. Quando sabe o que está sentindo, você não cria dramas porque a roupa que vestiu tão bem ontem parece péssima hoje. Você deixa de se culpar e de se achar feia ou inadequada. É apenas um dia, ele vai passar. Meu conselho é que, nesses dias em que o espelho parece ter virado a cara para você, faça um esforço maior e capriche no visual. Escolha peças mais fluidas, de muita qualidade, arrume o cabelo (faça ondas, um coque alto ou um rabo de cavalo), capriche na maquiagem (seu rosto pode ser o foco neste dia), acrescente acessórios que iluminam e levantam o look, aproveite para usar uma peça colorida ou diferente que você nunca usa para tirar a atenção do corpo (um sapato colorido, uma bolsa diferente, um lenço bacana). Isso ajuda a elevar a autoestima e mostrar para o espelho que você é linda, independente do seu humor — ou do dele.

ATIVIDADES
para refletir

1. Quantas vezes você admirou sua beleza diante do espelho no último mês? Que traços seus você considera singulares?

2. Quantas vezes você se comparou com outras mulheres no último mês? Onde essas mulheres estavam: passaram por você no mundo real, ou estavam editadas em imagens virtuais, nas redes sociais?

3. Quanto tempo você gasta olhando para o que outra pessoa tem e você não? Que coisas chamam a sua atenção nos outros?

4. O que você sente ao se olhar no espelho? O que gosta e o que não gosta?

5. Como você se sente ao se olhar em fotos?

6. Você já se sentiu inferior a alguém em algum evento? Como você estava vestida? Como a pessoa que você julgou ser MAIS DO QUE VOCÊ estava vestida?

para praticar

1. Crie uma nota ou lista em seu celular chamada "Qualidades". Diariamente, acrescente aí qualidades que você vê em si mesma, das menores até as mais fortes. Você pode separar essas qualidades em dois tópicos: internas (temperamento) e externas (físicas).

2. Liste os rótulos que recebeu durante a vida e ressignifique cada um deles. Eu, por exemplo, quando era pequena, era chamada pela minha família de "Fifi Fofoqueira", porque eu chegava da escola contando todas as histórias. Minha família dizia que eu falava demais e sabia de tudo. Eu ressignifiquei o rótulo de "Fifi Fofoqueira" reconhecendo que sou, na verdade, uma pessoa comunicativa e observadora. Quais são os seus rótulos que precisam ser vistos pelos olhos da mulher adulta e madura?

3. Crie o hábito de se olhar no espelho todos os dias. Isso irá ajudá-la a se acostumar com sua imagem. Se quiser dar um passo além, tire foto de seus looks todos os dias diante do espelho.

capítulo três

PROPÓSITO

Busque se conhecer todos os dias. Reconheça seus limites e seu potencial e seja grata pelo que tem. Aprenda a conviver com seus defeitos e faça de cada um deles um contraponto ao que você tem de melhor. Sem se conhecer, não é possível entender o que a veste bem, nem o que transmite ao mundo a sua essência.

a pianista

Aos 5 anos eu comecei a tocar piano. Minha irmã começou a ter aulas de música, e minha avó comprou um piano para os estudos. Quando o piano chegou, eu adorava tocar de ouvido. Resultado: acabei estudando piano clássico por vinte anos.

Esses anos de estudo participaram da construção da minha identidade, e também da minha autoconfiança. Quando chegava qualquer visita lá em casa, minha mãe me fazia sentar ao piano e tocar alguma peça. E eu, me achando, ia toda pavonada para meu pequeno concerto. Era meu momento de glória.

Até que eu me encontrasse na música, passaram-se anos. Estudei apenas piano clássico até os 11 anos. Então, conheci a música popular brasileira, e troquei Bach por Tom Jobim. Eu ficava em dúvida sobre o que mais gostava de tocar, ou sobre como encontrar minha interpretação pessoal, ou sobre o meu diferencial como pianista. Eu queria me expressar por meio da música. Após alguns anos, amadureci minha identidade como pianista e soube exatamente quem era eu atrás das teclas.

SE VESTIR bem começa com aceitação. Aceitar quem você é, quem você já foi e quem você vai se tornar. Aceitar sua imagem real, sem disfarces e sem medo de mostrar sua essência. Aceitar sua história de vida, cada etapa que você viveu e todas as experiências vivenciadas. Tudo isso foi essencial para formar a pessoa com que você se depara todos os dias no espelho.

Não adianta falar sobre regras de vestimenta, truques de estilo, cartela de cores e estampas quando não compreendemos quem somos e qual imagem queremos transmitir. Esta é a base de todo estilo: vestir-se de acordo com sua personalidade, seus objetivos e com seu estilo de vida.

Talvez essa caminhada para reconhecer sua beleza única é um pouco mais longa e mais profunda do que uma simples coleção de dicas de stylist. Ela sai do âmbito da roupa e da aparência externa e mergulha nas profundezas do nosso ser — nossos valores, nossa história, o porquê das nossas escolhas, nossa criação e experiências do passado — para então voltar à superfície e entender o padrão de vestimenta que reproduzimos hoje. À luz de quem somos, avaliamos se nossas roupas estão sendo fiéis à nossa essência, ou se elas seguem as regras que outros nos impuseram.

Muitas mulheres tentam mudar ou melhorar a imagem pessoal. A internet está aí para isso — para mostrar opções variadas de roupas, tendências, estilos etc. Mas será que esse excesso de informação e referência tem ajudado ou atrapalhado?

Guiar-se por referências pode deixá-la ainda mais confusa se você não se conhece. Na maioria das vezes, você acha a roupa linda, mas na prática, ela fica terrível em você. E seu cérebro, imediatamente, a convence de que o erro está em você, que você é a inadequada. Se ele não estiver bem treinado, não será capaz de entender a verdade: a roupa simplesmente não funciona no seu corpo, no seu estilo, na sua essência. Existem outras inúmeras opções que funcionarão perfeitamente melhor. A questão é entender quem você é para descobrir as opções que você tem.

Para vestir ou para admirar?

Quem tem filhos sabe que quando vamos ensinar algo novo, principalmente no âmbito dos relacionamentos ou dos sentimentos, nos desdobramos para explicar o inexplicável. Um dia, minha filha, que na época tinha 7 anos, chegou em casa chorando porque uma amiga com quem sempre brincava simplesmente não quis mais saber dela. Ignorou a amizade assim, sem razão. Como mãe, minha vontade era falar um monte para a menina e incentivar minha filha a nunca mais olhar na cara dela. Mas como cristã e mulher madura, pensei em como dizer à minha filha que o problema não estava nela. Sentei com ela e disse: "Minha filha, amigo é igual roupa. Existem roupas que são lindas, mas não dão certo na gente. Elas vão dar supercerto em outra pessoa. Nem por isso deixam de ser lindas. Só não deram certo em você. Tenha certeza de que você vai encontrar uma amizade que vai servir perfeitamente em você".

Sabe aquela peça que você ama, aquele estilo pelo qual você super se apaixona, mas que parece não dar certo em você? Se experimenta a roupa, percebe que não foi feita para você. Muitas vezes, as mulheres acreditam que isso acontece por falta de atitude ou estilo, ou porque tem alguma coisa errada nelas. Mas não é nada disso.

Existem roupas e estilos para se admirar. São lindos e apaixonantes de se olhar na vitrine ou no corpo de outras mulheres. Da mesma forma, existem roupas lindas para se vestir. São essas que devem compor seu guarda-roupa.

Se você não se sente bem na roupa, não se force a usá-la só porque está na moda ou a acha incrível. Identifique as peças que são perfeitas para você, ao invés de se martirizar por desejar vestir o que não funciona em seu estilo pessoal.

Vista o que funciona em você e admire o que quiser, sem se comparar nem se sentir inferior. Da mesma forma que você admira um look que não veste bem em você, outras mulheres irão admirar o que cai bem em você e não funciona nelas.

PROPÓSITO E ESTILO PESSOAL

Como compartilhei na introdução desse capítulo, a música entrou cedo na minha vida, a ponto de se tornar parte de quem eu sou. Além do piano, eu também amo cantar e compor. Tenho dois álbuns gravados nos Estados Unidos, e em 2013 participei do quadro "Mulheres que Brilham", no programa *Raul Gil*. Foi uma experiência incrível!

A música me ensinou duas lições. Em primeiro lugar, que a arte, seja ela qual for, promove sensibilidade, olhar crítico e apuro estético. Ela me ajudou a desenvolver minha estética pessoal e me fez conhecer estilos variados, tanto na música como na moda e na arte em geral.

Em segundo lugar, sem dedicação não há como crescer. Eu me desenvolvi no piano porque estudava muito, a ponto de o vizinho interfonar constantemente para meu apartamento pedindo que eu mudasse a música que estava tocando. Quando eu tinha alguma prova, estudava a mesma música por horas, durante dias, até que ela fluísse naturalmente dos meus dedos. Confesso que tinha a mão bem pesada no piano, e hoje imagino como esse vizinho deve ter sofrido com meus estudos.

Conhecer seus talentos e estimulá-los lhe dá um senso de valor pessoal crescente. A cada dia você se convence de que pode mais. Depende apenas da sua dedicação.

Qual é a sua arte? Quais são os meios pelos quais você se expressa? Não precisa ser uma arte "consagrada", como música, pintura, escrita. Sua arte pode ser a culinária, a matemática, a jardinagem. Cada pessoa tem sua linguagem criativa, aquele meio pelo qual ela percebe a beleza do mundo e depois retribui, criando beleza e compartilhando com outros.

Acredito que não existe pessoa sem propósito. A Bíblia, em Provérbios 16:4, diz que Deus faz tudo com um propósito. Eu tenho visto isso na prática, tanto na minha vida como na de outras pessoas. Cada indivíduo tem seu dom, seu talento natural. Quando você exercita isso, todas as pessoas ao seu redor são abençoadas de alguma forma. E a pessoa que exerce seu potencial, seu chamado ou seu dom — como você quiser chamar — tem aquela alegria de missão cumprida, de saber seu lugar no mundo.

Nosso estilo pessoal flui disso. Ele não é uma curadoria de peças e cores feitas apenas com base em tendências de moda, tom de pele e formato de corpo. Ele é expressão daquilo que o Criador nos fez para ser, para brilhar e para encher o mundo à nossa volta com beleza. Uma beleza que provém da autenticidade.

Mas até definir o que se encaixa em nosso estilo leva tempo e dedicação para testar, experimentar, ousar e correr alguns riscos. Ou seja, não é um simples atendimento com uma consultora de imagem, ou uma transformação em um programa de televisão que vai definir nosso estilo. É uma caminhada. É ter senso crítico sobre as roupas e visão realista sobre quem somos, e unir essas duas informações de forma harmoniosa. Isso não acontece da noite para o dia. É no dia a dia, de look em look. É um processo.

Talvez você não tenha conseguido se vestir de forma autêntica porque é como eu era ao piano. Você quer experimentar todos os estilos, assim como eu queria tocar todos os tipos de música. Você quer vestir o que todo mundo acha bacana, assim como eu queria tocar a música que todo mundo gostava de escutar quando chegasse lá em casa. Enquanto você não entender quem é, sua beleza e seu propósito únicos, e o que a representa de verdade, não será possível construir uma imagem real e saudável.

Para isso, experimentar possibilidades não é errado. Arriscar não é errado. Nem errar é errado! E não precisa gastar dinheiro para isso, ou seja, comprar roupas que nem sabe se vai usar. Você pode visitar lojas e experimentar roupas sem tê-las de levar para casa. Tire fotos com as roupas no provador, analise como você se sentiu ao vesti-las, visualize-se onde você usaria aquela roupa, e como se sentiria em determinado ambiente com aquele look. Teste modelagens, cores, estampas, tecidos variados, para que saiba, por experiência e opinião própria, o que acha das possibilidades disponíveis. É melhor você ter a sua vivência do que esperar alguma blogueira de moda experimentar e dar a opinião dela na internet. A opinião dela é uma percepção pessoal do que vivenciou e de como se sentiu dentro de determinada roupa, não uma verdade absoluta. Você, talvez, se sinta diferente dentro da mesma roupa ou estilo.

PALAVRAS DE BÊNÇÃO

Durante minha infância e adolescência, tive uma mãe que me estimulou muito. Ela afirmava, com diferentes palavras, que eu tinha um chamado. É uma bênção ter pessoas que nos levantam e nos incentivam a ser melhor, a conquistar nossos sonhos. Isso traz confiança para todas as áreas de sua vida.

Porém, quando crescemos sem esse apoio, sem alguém que acredite em nós e em nossa capacidade, provavelmente temos insegurança em nossas escolhas. Mulheres que cresceram sem essas palavras de bênção acreditam que ninguém repara nelas, que elas são sem graça e não possuem qualquer potencial.

Se eu pudesse dizer algo para essas mulheres, diria para amar sua história e valorizar cada conquista. Se ninguém esteve ao seu lado para aplaudi-la, levante-se e aplauda a si mesma hoje. Você foi criada com talentos e potencial, que ainda estão em você. Não é tarde demais para expressar sua essência e trabalhar seus dons.

Nesse mundo de extremos em que vivemos, impressionado com realizações fora da curva, e com vidas virtuais, muitas vezes acreditamos que nossa trajetória não tem valor algum, que nossa imagem não é bacana, e que não fazemos diferença na vida de ninguém. Todas as pessoas nas redes sociais parecem ser mais interessantes e mais relevantes do que nós. Mas todas as pessoas influenciam outras pessoas! Seja uma ou um milhão. Se convivemos com pessoas, teremos influência na vida de alguém. Se somos mães, aí o negócio fica mais sério. Somos a primeira referência para nossos filhos que, além de nossos cuidados, precisam também de nossas palavras de bênção.

A Bíblia fala de várias mulheres que foram referência para outras pessoas, mesmo achando que não eram. Uma que me marcou muito foi Noemi. Ela sofreu tanto que mudou seu nome para Mara (que significa "amarga"). Noemi e sua família enfrentaram uma época de fome em sua cidade, e então viajaram para outro país, onde haveria mais condições de sobreviverem. Lá, os filhos de Noemi cresceram e se casaram. Mas então, o marido e os dois filhos morreram. Noemi não tinha mais herdeiros, era viúva e estava desprotegida. Como acreditava que não tinha nada mais para oferecer, resolveu voltar para sua cidade natal.

Mas uma das noras de Noemi, Rute, que também era viúva, prometeu ir com a sogra aonde ela fosse. Rute disse: "Não insistas comigo que te deixe e que não mais te acompanhe. Aonde fores irei, onde ficares ficarei! O teu povo será o meu povo e o teu Deus será o meu Deus! Onde morreres morrerei, e ali serei sepultada. Que o Senhor me castigue com todo o rigor se outra coisa que não a morte me separar de ti!" (Rute 1:16-18). Esse versículo, aliás, foi o que escolhi para o meu convite de casamento.

Noemi acreditava que não tinha nada para oferecer, mas ela era uma referência para Rute. Elas seguiram viagem juntas, e Noemi teve um papel importante na vida de Rute: orientou-a sobre onde conseguir trabalho, como se portar lá e como reagir a um pretendente em casamento. Rute seguiu à risca os conselhos da sogra e entrou na genealogia de Jesus. Noemi, indiretamente, está lá também.

Percebe a grandiosidade disso? Você pode impactar a vida de uma pessoa profundamente, mas isso não acontecerá se você não enxergar seu potencial, se agir somente para agradar pessoas, se sentir-se inferior, se chamar-se de amarga, em vez de reconhecer viver seu propósito.

Todos somos chamados para ser a resposta de alguém. Nossas histórias podem ser cura na vida de outras pessoas. Não subestime a sua.

Eu já me senti realizada ao ajudar algumas mulheres a se descobrirem e se perceberem de uma forma nova, a conseguirem se enxergar com esperança e prazer. Também já me senti frustrada ao ver que, mesmo me esforçando, não fui capaz de mostrar a algumas como elas eram especiais e únicas.

A verdade é que existem coisas que não conseguimos fazer. Vai além de uma consultoria de imagem, ultrapassa os truques de stylist, as dicas de moda e a conversa franca nos atendimentos. Tem a ver com a autopercepção, com superar traumas do passado, com calar as vozes que nos diminuem e dar voz a quem somos e quem desejamos ser. Mais do que isso, tem a ver com identificar nosso propósito de vida e cumprir esse chamado.

Quando compreendemos isso, muita coisa muda. Para melhor. Quando reconhecemos nosso valor, queremos ajudar outras pessoas a alcançarem o mesmo contentamento que experimentamos.

Quando você se deixa de lado

Quantas vezes você deixou sua essência e sua personalidade de lado para usar o que estava na moda? Se você já viveu essa experiência, com certeza isso a fez sentir desconfortável na roupa que usava. Mas provavelmente, você não sabia que esse era o motivo da roupa não ter ficado legal em você. O que pode ter acontecido?

1. Você acreditou que, porque era moda, era superbacana.
2. Você investiu seu dinheiro na peça nova e ficou animada em usá-la.
3. Você vestiu a roupa, mas não se sentiu você mesma.
4. Você usou porque tinha gastado seu dinheiro suado naquela peça.
5. Você não aproveitou o evento ou o seu dia porque se sentiu completamente estranha na roupa.
6. Você nunca mais usou aquela peça.
7. Seu guarda-roupa ficou com mais uma peça parada, sem utilidade, apenas ocupando mais espaço.
8. Você não passa a peça para frente porque gastou dinheiro nela.

Antes de investir dinheiro em roupas, invista tempo em conhecer você mesma. A roupa deve estar a serviço de quem você é, e não o contrário.

MATURIDADE

A história de Noemi e Rute me faz pensar nos muitos ensinamentos que as gerações anteriores à nossa podem nos passar. Lembro-me da minha avó. Ela, mãe de seis mulheres, foi quem mais me ensinou sobre beleza e autocuidado.

Ela sempre foi toda vaidosa e zelosa com a imagem pessoal. Eu me recordo, nas tantas vezes que eu fui para a casa dela, de ela me acordar às 5h30 para caminharmos no calçadão. Eu, ainda criança, achava o máximo me levantar cedinho, andar, ver o Sol nascer e, junto disso, ouvi-la falar sobre beleza e autocuidado. Ela sempre defendeu o cuidado com o corpo e, percebendo desde cedo que eu era parecida com ela, me incentivava a me cuidar e sempre se preocupava com minha imagem também.

Com isso, o hábito de me exercitar cresceu comigo e me fez tomar gosto por sentir o corpo treinado e leve. Uso no rosto, até hoje, o mesmo produto que ela usou a vida inteira (quem vê a pele da minha avó não acredita na idade que ela tem. É incrível!). Também aprendi com ela sobre a lingerie certa para o corpo, e sobre a qualidade das roupas, dentre tantos outros conselhos. Quantas vezes ela me disse: "Como é difícil encontrar uma roupa que caia bem no corpo, que tenha um tecido de qualidade!".

Uma das minhas maiores alegrias foi quando eu a convidei para trazer as alianças no meu casamento, e eu pude ajudá-la a escolher o vestido de dama de honra. Ela amou o vestido, se sentiu linda no dia do evento, e o usou várias vezes depois do meu casamento. Sempre que tinha um evento, ela já pensava naquele vestido.

Isso é muito rico, e me entristece perceber como essa transmissão de conhecimento tem morrido hoje em dia. A própria Bíblia incentiva as mulheres a compartilharem aprendizados e ensinamentos com as que são mais novas: "Semelhantemente, ensine as mulheres mais velhas a serem reverentes na sua maneira de viver, a não serem caluniadoras nem escravizadas a muito vinho, mas a serem capazes de ensinar o que é bom. Assim, poderão orientar as mulheres mais jovens a amarem seus maridos e seus filhos, a serem prudentes e puras, a estarem ocupadas em casa, e a serem bondosas e sujeitas a seus maridos, a fim de que a palavra de Deus não seja difamada" (Tito 2:3-5).

Mulheres mais velhas, que trazem uma bagagem de ensinamentos sobre o interno e o externo, têm se calado. Em vez de compartilharem o que sabem, estão em busca do que mulheres mais jovens ditam por aí como regras de conduta para a vida e para a imagem pessoal. Isso, a meu ver, é inadmissível!

A despeito de nossa idade, devemos assumir nosso papel e propósito de transmitir às mais novas o que aprendemos. Devemos deixar um legado! Desta vida não levaremos nada, mas podemos deixar para as próximas gerações aprendizados ricos para a vida!

Quanto se perde ao não repassarmos para a geração seguinte o que temos aprendido! Vejo mulheres perdidas em relação a quem são, ao que vestir, a como arrumar a roupa no corpo, se conhecerem, se respeitarem, sobre amizades, postura e caráter. As mulheres têm se calado, acreditando que o que sabem é ultrapassado. Mas não é! Muitas mulheres querem viver a juventude na idade adulta e se esquecem de que possuem um tesouro rico de valores que podem ser ensinados. Algumas se sentem como Noemi, idosas, sem nada para oferecer, acreditando que não têm mais voz, que não possuem nada de importante para ensinar. Isso é mentira. Cada geração precisa que as mulheres das gerações passadas transmitam ensinamentos práticos para a vida, dicas de moda e de beleza, de autocuidado e de autoconhecimento, de conduta, de caráter.

Quando uma geração se cala, valores práticos se perdem. Vejo hoje, por exemplo, o quanto minha avó, e outras mulheres mais idosas, têm dificuldade em comprar roupas. Minha avó era preocupada com caimento e acabamento da roupa, e tinha uma costureira que fazia as peças dela. Era tão fiel à costureira que, quando a mulher mudou de cidade, minha avó chegou a viajar para encomendar uma roupa. Ela sabia o valor de uma peça bem-feita, com bom tecido e caimento. Ela transmitiu esse ensinamento e valor a toda minha família. Por isso, hoje, minha avó tem dificuldade de encontrar roupas. As peças desenvolvidas para mulheres da idade dela geralmente não são muito atrativas, ou não possuem um caimento que funcione no corpo que ela tem, uma vez que nosso corpo muda conforme vamos envelhecendo. As roupas nas medidas padrão dificilmente funcionam em senhoras com mais de 80 anos. Quando Noemi se deu conta de que Deus tinha algo para fazer na vida de Rute, e que ela poderia ser facilitadora desse plano divino, ela não continuou fechada, com o rosto amargo e o pensamento de "Não tenho nada de bom para acrescentar". Ela instruiu Rute a como se comportar em relação a Boaz, encaminhando-a praticamente até o casamento. De certa forma, Noemi, foi o "cupido" da avó de Jesus! E é muito bonito ler, no fim do livro de Rute, que o primeiro filho do novo casal foi criado por Noemi como seu próprio filho. O legado dela gerou frutos, e ela pôde vê-los e experimentá-los.

Você tem algo para ensinar. Viva a maturidade e não negligencie seu principal papel: ensinar o que você aprendeu com a vida.

> Já atendi mulheres que não sabiam como arrumar a roupa no corpo. Quando eu lhes entregava uma peça para vestirem, não distinguiam a frente da peça, não sabiam amarrar nem entrar na roupa. Se sabiam vestir, não sabiam ajeitar a roupa no corpo. Não decidiam se ficava melhor por dentro, por fora, abotoada ou aberta.
>
> Isso é mais comum do que se imagina. Esse é um exemplo de um legado que não foi passado à geração seguinte. As mães ensinam a escovar os dentes, a pentear o cabelo e tantas outras coisas, mas não ensinam sobre como arrumar a roupa no corpo da melhor forma possível.

Você sabia que saber arrumar a roupa no corpo é um dos maiores segredos para se vestir bem? De que adianta usar uma peça linda se não sabe vesti-la corretamente? As roupas vestem de um jeito diferente em cada corpo. Esse aprendizado vem do berço. Minha mãe e minha avó me ensinaram a me vestir. Hoje, posso escolher usar qualquer peça, e posso até mesmo usar uma peça de uma maneira totalmente diferente, simplesmente porque fui estimulada a experimentar a roupa no corpo da melhor forma, percebendo minhas formas e o melhor caimento dela em mim. Isso tem a ver com ensinar a se perceber, a se olhar no espelho e a ter apuro estético. É riquíssimo!

Se até hoje você nunca parou para se vestir de verdade, ou seja, percebendo a roupa no corpo, experimentando as peças de formas diferentes, descobrindo como ficam melhor em você, vale a pena começar esse processo. Perceba as roupas no corpo, descubra como cada uma delas cai melhor em você. Você vai se surpreender com as descobertas que fará.

A ROUPA CERTA

E a roupa nisso tudo? Tenho visto que a roupa foi rebaixada à função de apenas vestir um corpo. Melhor dizendo, nos dias de hoje, à função de *exibir* um corpo.

Está na moda exibir as curvas naturais ou siliconadas, o corpo esculpido à base de horas na academia ou de uma supercinta modeladora. Muito da moda que invade as redes sociais em lojinhas virtuais se presta apenas a este fim: exibir o corpo. Peças que prometem deixar o bumbum maior, levantar os seios, afinar a cintura. O papel da roupa é somente exibir o corpo da forma mais sensual possível. Ela deixou de ser reflexo de identidade, marca registrada, elemento que transmite personalidade.

Eu atuei por anos como estilista, e ver a moda como está hoje às vezes me faz querer voltar à ativa para fazer minha parte e criar peças com personalidade, arte e diferencial, capazes de compor um guarda-roupa que está mais interessado em misturar, inventar e criar, do que um guarda-roupa que só está preocupado em uniformizar os corpos e exaltar sua sensualidade.

Ao longo da história, percebemos que a roupa sempre esteve presente como forma de representação de status, de função ou até do estado emocional das pessoas. Além disso, a Bíblia apresenta as vestes como um elemento externo que indica reconciliação e salvação. A famosa história do filho pródigo conta sobre um rapaz que, após deixar a casa do pai e gastar tudo que tinha, vivendo de forma desregrada, retornou para casa arrependido. Como nós fazemos tantas vezes.

O pai, que vê o filho aparecer lá numa curva da estrada, sai correndo ao encontro do rapaz. Depois de recebê-lo e abraçá-lo, ele diz aos funcionários da casa: "Depressa! Tragam a melhor roupa e vistam nele. Coloquem um anel em seu dedo e calçados em seus pés" (Lucas 15:22).

É isso que Deus faz conosco! Ele nos torna santos, perdoados, lavados, restaurados. Ele deixa para trás o que passou e nos veste com uma roupa nova, limpa, na moda, a melhor que existe.

Particularmente, quero que minha roupa seja parte de mim, quero que ela expresse quem eu sou, em cada detalhe, em cada fase, em cada recomeço. Quero que, ao chegar num ambiente, as pessoas me identifiquem como a Karol. Quero transmitir personalidade e atitude em cada look que visto, sem tentar aparentar ser outra pessoa, mas como eu mesma, reinventada em cada fase de minha vida.

O QUE VOCÊ QUER COM SUA IMAGEM?

Quando chegou a época do meu casamento, meu objetivo era escolher um vestido que me representasse. Eu queria que ele continuasse atual mesmo quando eu olhasse meu álbum de fotos de casamento cinquenta anos depois.

Para alcançar esse objetivo, eu não me via vestida como um bolo de noiva, nem como uma porta-bandeira, nem como um traje tradicional da baiana, nem com véu na cabeça, nem com sapato encapado, nem com luvas. Eu queria me vestir de mim mesma, de Karol Stahr, vestida de noiva.

Em uma manhã eu saí para visitar algumas lojas (sozinha, é claro, porque eu também não me via com um monte de gente dando pitaco no que euzinha iria usar no dia do meu casamento). Entrei em uma loja que conhecia de ouvir falar, e que sabia ter vestidos legais.

Na loja tinha uma foto enorme da filha da proprietária com um vestido de noiva. Achei interessante e perguntei se o vestido estava na loja, e se eu poderia experimentar ele. Ele estava.

Coloquei o vestido. A vendedora acendeu a iluminação especial do provador e colocou uma tiara na minha cabeça. Assim que me vi no espelho, eu o encontrei: o vestido atemporal em que eu me sentiria linda em 2006 ou em 2056. Era ele.

Esse foi o único vestido de noiva que vesti na vida. Com ele, alcancei meu objetivo: entrei na igreja sem véu, com sandália alta, um buquê feito exclusivamente para mim. Se eu fosse me casar hoje, usaria o mesmo vestido. Ele realmente é lindo, atemporal e elegante.

Conto essa história porque acredito que saber a roupa certa para você tem mais a ver com conhecer os objetivos que você quer alcançar com sua imagem do que entender de moda.

Saber o que você quer transmitir e o impacto que quer causar — adequada, é claro, ao ambiente, à ocasião e ao horário — é fundamental para estar bem-vestida, seja para passear com o cachorro, seja para se casar.

Acontece que complicamos o que é simples. Ao invés de fazermos as perguntas óbvias, tentamos reinventar a roda. As perguntas que geralmente se fazem são:

- O que tal pessoa vai usar?
- Quem vai estar lá?
- O que vão achar se eu vestir isso?
- Que tipo de roupa ninguém mais vai usar?
- Como eu posso chamar atenção, não passar despercebida?

Em vez disso, você só precisa se perguntar:

- É um evento formal ou informal?
- É de dia ou de noite?
- É trabalho ou lazer?
- É em ambiente aberto ou fechado?
- Eu vou ficar parada ou vou me movimentar muito?
- E o principal: Como eu me visto de mim mesma nesse look?

> Há regrinhas simples de stylist que são uma mão na roda na hora de ver se o look escolhido está adequado à formalidade e ao horário do evento:
>
> - Evento de dia: cores claras ou vibrantes; tecidos leves e opacos.
> - Evento de noite: cores escuras, tecidos encorpados e brilhosos.

- Evento formal: cores sóbrias, tecidos planos, peças formais.
- Evento informal: cores claras ou vibrantes, tecidos leves, peças informais.

Em vez de procurar a opinião da amiga ou de querer fazer a diferentona, seja você e faça as perguntas certas. Será mais fácil definir seu visual. É muito comum esse erro de "querer causar". Muitas mulheres, em vez de optarem por se vestirem de si mesmas nos dias mais importantes da vida — casamento, formatura, madrinha da amiga, festas de fim de ano, aniversários — querem causar. E o que causam, na maioria dos casos, é o sentimento de desconforto e inadequação, e uma enorme frustração ao ver as fotos depois. Se tivessem optado por respeitar o estilo pessoal, o look teria sido um sucesso, porque a roupa teria servido à essência delas, e elas estariam extremamente confiantes. Como resultado, as lembranças seriam maravilhosas.

Postura

Para ter uma postura confiante você precisa vestir seu corpo e sua essência, respeitando os dois. Esse é o segredo.

Talvez você já tenha tido a experiência de comprar uma roupa que ficou incrível em você: ela vestiu como uma luva. Apesar disso, você não se sentiu linda nem livre. O que aconteceu é que a roupa vestiu seu corpo, mas não sua essência. Assim, mesmo linda, você andou encolhida, escondida, ficou sentada com a bolsa no colo durante todo o evento.

Ao contrário, quando você coloca uma roupa que lhe traz conforto psicológico, sua postura, ao vestir tal roupa, é confiante, feliz, ereta. Lembre-se de eventos em que o que você menos queria era ficar sentada. Sua vontade era desfilar por todo o espaço, mostrando o quanto estava bonita. Você se sentiu livre! Isso porque se vestiu de si mesma. E sua postura mostrou isso.

Para ter uma boa postura em um evento, em uma entrevista, em um encontro, ou no dia a dia, vista-se de você. Com a roupa errada, você pode repetir mil frases motivacionais e fazer por horas a pose da mulher-maravilha antes de entrar em um ambiente, mas isso não vai ter efeito algum. Se sua roupa não for capaz de deixá-la confortável e confiante, nada mais deixará. Seu desejo, lá no fundo, é que sua aparência transmita quem você é, sem ruídos na comunicação.

FASES

Não é segredo para ninguém: nós mudamos ao longo da vida. Cada mudança refina nossa identidade e nosso propósito. Nossa imagem também vai mudando; com isso, não quero dizer apenas que envelhecemos. Há diversos fatores externos que podem fazer nossa imagem se transformar:

- Casamento
- Maternidade
- Mudança de cidade
- Mudança de emprego

Eu passei por uma mudança radical de estilo quando me casei. Sou natural de Vitória, Espírito Santo. Sempre tive uma ligação forte com a praia: acordava cedo para caminhar ou correr no calçadão, e dava um mergulho no mar depois do exercício. Era incrível começar o dia assim. Eu também amava ir à praia no fim do dia, sentar-me na areia para escutar o mar e sentir a brisa.

Essa ligação com a praia acabou influenciando também minha vida profissional. Desde pequena eu era encantada com noivas, e pensava em ser estilista de vestidos de noiva. Mas deixei isso de lado quando consegui meu primeiro emprego na maior confecção de moda praia do Espírito Santo. Passei, então, a desenhar moda praia e moda fitness, peças totalmente ligadas com o que eu amava fazer: ir à praia e malhar. Vez ou outra eu me emocionava ao encontrar mulheres vestindo criações minhas, fosse tomando sol de dia, fosse fazendo atividades físicas no calçadão à noite.

Então eu me casei e fui morar em Brasília. É claro que quando cheguei, senti falta da praia. Cheguei a chorar uma vez de tanta saudade que eu sentia do mar. Mas a cada dia em Brasília fui me apaixonando e me sentindo parte dessa nova cidade. E hoje, se existe um lugar em que eu amo viver é Brasília. É organizada, tem opções de lazer, de cultura, tem um ar moderno e ao mesmo tempo retrô, tem história, bagagem, é formal e muito urbana. E Brasília tem ainda uma coisa que fez meu coração se apaixonar e que substituiu a minha praia: o céu. Você deve estar pensando que céu é tudo igual, mas não é. Comparo a amplitude do céu de Brasília com a amplitude do mar; e o pôr do sol em Brasília é como o nascer do Sol na praia. Eu reencontrei a imensidão da criação de Deus que tanto encantava minha alma.

Essa mudança influenciou completamente a forma de eu me vestir. Em Vitória eu usava muita estampa, cores vibrantes, peças leves, menores e em malha, e sandálias. Em Brasília, adotei o jeans, peças mais escuras, tecidos encorpados, botas variadas, um visual mais pesado e muito urbano. Não foi algo que eu planejei, simplesmente aconteceu, pouco a pouco.

As mudanças em nossa vida às vezes nos empurram a mudar a forma como nos vestimos, acompanhando a transformação interna que está acontecendo em nós. Quando permitimos que essa metamorfose vá de dentro para fora, atingindo nossas roupas, afirmamos para nós mesmas e para o mundo que não somos mais como éramos antes, que estamos em evolução. Vamos nos reencontrando em cada fase, nos redescobrindo e nos reinventando.

Quando falamos de repaginação de visual, não podemos achar que se trata de mutação brusca. É um processo. Quanto mais natural for, mais saudável e consistente ela é. Seu visual pode — e deve — mudar de acordo com suas novas vivências e experiências.

Todas as mulheres têm essa oportunidade de se transformar, muitas, porém, não conseguem "passar de fase". Algumas até percebem que sua forma de se vestir não as representa mais, mas não se dão a liberdade de experimentar novos estilos. Dessa forma, continuam se vestindo do mesmo jeito, algumas virando quase personagens de filmes antigos; outras, se sentindo inadequadas dentro das velhas roupas. Imagina se eu continuasse a me vestir toda tropical, garota de praia, em pleno concreto de Brasília? Ia parecer um peixe fora d'água, uma pessoa totalmente fora de contexto. Muitas mulheres insistem em viver fora de seu contexto, fora de sua realidade atual. Vivem no passado.

Atualize seu drive. Você tem uma máquina potente e poderosa aí dentro rodando um drive de 1900 e bolinhas. É como ter um smartphone de última geração e continuar usando-o só para fazer telefonemas. Teste as novas capacidades que a vida lhe deu. Explore seu potencial.

ATIVIDADES
para refletir

1. Quem é você hoje? Complete as frases abaixo sem pensar muito.

   - A coisa de que mais sinto falta na minha vida é ____.
   - A maior alegria na minha vida hoje é ____.
   - Ocupo a maior parte do meu tempo hoje com ____.
   - A atividade/tarefa que me dá mais energia hoje é ____.
   - Minha maior preocupação hoje é ____.
   - Uma coisa que me entristece é ____.

2. Analise as respostas acima, e resuma em uma frase quem é você hoje: qual seu propósito, suas funções e seus sonhos.

3. Faça uma visita rápida ao seu guarda-roupa. As peças que você tem se adequam à mulher que você é hoje e à mulher que você quer ser? Escolha duas peças para retirar do guarda-roupa (e mandar embora! Nada de guardar para usar daqui umas semanas). Pense que outras peças diferentes poderiam substituir essas duas.

para praticar

1. Faça uma linha do tempo de estilo. Escreva o que você vestia na infância, na adolescência, na juventude, no primeiro emprego, antes de se casar, após o casamento, após ter filhos, após os 40, após os 50. Escreva como você se veste hoje. Reflita sobre a vestimenta de cada fase, se ela representou a pessoa que você era em cada uma delas.

2. Pegue álbum de fotos e reveja momentos que viveu. Tente se lembrar de quando você se sentiu confiante e relembre sua postura naquela ocasião. Analise se, hoje, você vive mais momentos com a postura ereta e confiante ou com a postura encurvada e envergonhada.

3. Comece um banco de imagens com referências de estilo que representam a mulher que você quer se tornar (aquela que está escondida, com vergonha de aparecer).

4. Liste as funções que você exerce hoje e, ao lado, escreva como você se veste para cada uma delas. Em uma terceira coluna, coloque o que você acredita ser o ideal de vestir, que a deixaria confiante em cada uma dessas situações.

ATIVIDADE	COMO EU ME VISTO	COMO GOSTARIA DE ME VESTIR

LINDA POR FORA

capítulo quatro

ESTILO

Nosso estilo pessoal é resultado de nossas escolhas e vivências únicas. Você não encontrará seu estilo fazendo um teste na internet. Você irá descobri-lo dentro de você, na sua história e na sua bagagem.

dama de honra

Quando eu era pequena, não existia isso de "Dia da noiva". As noivas se maquiavam no salão e se arrumavam em casa. Por algum motivo, a casa da minha mãe era o local em que muitas noivas se preparavam para o grande dia. Dessa forma, cresci em meio a esse universo de noivas, que me encantava. Minha paixão era tanta que fui dama de honra oito vezes.

Uma vez, uma noiva foi se arrumar lá em casa, e eu estava rodeando-a, como sempre, observando todos os detalhes. Em minha conversa com ela, descobri que não tinha dama de honra no casamento. Fiquei animada em saber que o posto estava vago. Corri no meu guarda-roupa, peguei dois vestidos que eu tinha usado em outros casamentos, e voltei toda animada: "Tenho esses dois vestidos. Você pode escolher qual acha que combina com seu casamento e eu posso ser sua dama de honra!".

Minha mãe ficou sem graça, e a noiva provavelmente deve ter achado engraçado ou ousado da minha parte. O que sei é que meu pai foi à floricultura perto de casa, comprou meu buquê e eu me aventurei, mais uma vez, em um casamento.

NOSSA infância é cheia de momentos em que ousamos ser nós mesmas, sem medo nem vergonha de nos aventurarmos. Essas experiências ressaltam nossa força interior e traços de nossa personalidade. Esses traços encontrados na infância fazem parte de quem somos hoje — consequentemente, do que vestimos hoje.

Muitas mulheres chegam até mim querendo saber qual deve ser o estilo delas, o que vestir, qual cor utilizar etc. Muitas dessas respostas estão na menina que se vestia sem medo, que ousava mostrar ao mundo quem era e do que gostava. Essa menina ainda está dentro de cada uma de nós, mas talvez escondida em meio a tantos padrões que seguimos e que nos levaram para longe de nós mesmas.

Antes de fazer um teste ou pesquisar sobre os estilos de moda, volte à sua menina interior, àquela que tinha ideais e sonhos sobre quem queria ser. Ela vai lhe dar respostas claras sobre o que vestir para mostrar sua essência.

O QUE É ESTILO?

Quando falamos de estilo, não estamos falando de moda. Moda é o reflexo da cultura do momento. São tendências do que a sociedade quer expressar por meio das roupas. Estilo, por sua vez, é vestir sua *essência*. Uma mulher de estilo é aquela que transmite por meio da roupa quem ela realmente é. Quando conhece seu estilo e sabe o que funciona em sua essência, você ajusta qualquer roupa ou tendência ao seu visual, não o contrário.

Um episódio na minha infância me fez compreender bem esse conceito. Eu fui passar o fim de semana na casa da minha tia. Como sempre, escolhi os looks que usaria em cada momento do fim de semana, incluindo a roupa para ir à igreja domingo de manhã. Separei um vestido trapézio azul marinho de bolinhas brancas, e um sapatinho oxford, o hit do momento. Coloquei tudo na minha mochila e fui. O vestido, claro, ficou completamente amassado.

Quando acordamos domingo de manhã, não havia energia elétrica na casa. Eu meio que entrei em pânico: o que fazer com o vestido completamente mastigado? Minha tia não tinha filhos, ou seja, não havia lá nenhuma roupa que servisse numa magricela de 9 anos.

Então, minha tia teve uma ideia (e ela sempre foi boa nas ideias). Colocou em mim uma camiseta de malha do meu tio, listrada de azul marinho e branco dobrou as mangas, amarrou um cordão de roupão de banho na minha cintura e disse que estava ótimo.

Eu tinha duas opções: a primeira, que já passava pela minha mente, era a de não sair de casa daquele jeito porque tinha certeza de que a galera toda iria me zoar por conta daquele look maluco. A outra era eu encarar aquele look com confiança. Foi o que fiz.

Cheguei na igreja de camiseta de malha e cordão de toalha, cheia de confiança (ou aparentando isso). Passei o domingo sem ouvir nenhuma risada nem comentário sobre meu look. Isso é ter estilo.

Não importa o que você veste: ou você decide se sentir você naquela roupa, ou se sentirá usando uma fantasia. Seja roupão de banho, seja vestido de gala. O estilo está em você, não na roupa.

É muito comum as pessoas buscarem extrair das roupas um estilo e uma identidade, quando, na verdade, o que acontece é o contrário. Isso flui de nós para a roupa, e não dela para nós. Assim, descobrir seu estilo está ligado a descobrir sua identidade. Enquanto não soubermos quem somos, vestiremos apenas moda, sem um estilo definido.

> Usar tendência pode ser frustrante se ela não transmite a imagem real de quem você é. O ideal é usar a moda para valorizar sua imagem pessoal, tomando das tendências apenas o que agrega conforto e autoconfiança. Para mim, essa é a chave para consolidar um estilo único e atualizado.

A roupa é sim um instrumento poderoso na comunicação não verbal. Devemos nos vestir de forma adequada ao ambiente em que estamos, mas isso deve se unir ao nosso estilo pessoal, ou seja, à nossa personalidade. O que não funciona é anular quem somos para vestir uma imagem que não nos representa. Se agirmos assim, nos sentiremos diariamente presas a uma fantasia. Portanto, em vez de se adequar à imagem que outros esperam de você, conheça a imagem que quer transmitir, cheia de personalidade.

Saber o que usar é uma arte, e é necessário desenvolver um olhar crítico e realista para não cair no erro de usar o que é moda ou o que as pessoas consideram ideal. Esse deve ser o principal guia ao buscar um estilo próprio. Peças que dão supercerto em algumas pessoas podem dar muito errado em outras, pois cada um é único, com gostos e preferências singulares. Você deve conhecer pessoas que parecem fazer dar certo tudo o que vestem. A verdade é que elas escolhem deliberadamente o que as torna assim, bem-vestidas. Com seu olhar crítico e realista, valorizam seus pontos fortes, neutralizam os fracos, e são fiéis à sua essência.

Para chegar a esse nível, desapegue-se de rótulos e expectativas, e faça uma viagem de autoconhecimento. Precisamos descobrir quem somos e qual imagem desejamos transmitir para, então, fazermos nossas escolhas. Mas não faça essa viagem uma vez só. Vivemos crises de identidade em diferentes fases da vida, e em cada uma delas precisamos nos redescobrir, rompendo com o que já fomos ou com o que disseram que somos.

A primeira consideração a fazer ao se vestir é: "Que imagem quero transmitir com essa roupa? Qual é a minha pretensão ao me vestir assim?". Sem pensar nisso, você provavelmente vestirá qualquer coisa. Se refletir sobre essas questões, começará a desenvolver uma consciência mais criteriosa de elaboração de visual.

Quando se arrumar para sair, tire uma foto de corpo inteiro e se pergunte: "Se eu visse uma pessoa assim na rua, qual impressão eu teria dela? O que está faltando (ou sobrando) aqui para transmitir a imagem que quero passar?".

Anulação x adequação

Uma pessoa bem-vestida é a que sabe adequar sua personalidade e seu estilo a qualquer situação.

Muita gente se preocupa com questões externas — o dress code do ambiente profissional, os gostos da família e dos amigos — e anula sua personalidade e seu jeito de se vestir para caber dentro desse "código". Isso não é saudável. O ideal é conciliar quem você é e suas preferências de vestimenta para se adequar ao momento e ambiente em que vai estar.

Engessar seu estilo numa armadura não lhe dará vantagem para enfrentar nenhuma situação. Penso no jovem Davi, quando se apresentou a Saul, disposto a enfrentar o gigante Golias. O rei mandou trazer sua armadura para Davi vestir, mas ele não se sentiu à vontade naquela roupa que não era sua. Seria mais um peso para carregar em um momento que já era desafiador o bastante. Davi corajosamente decidiu se vestir dele mesmo, e essa foi uma das razões que o fez vencer um gigante bem mais forte do que ele.

Talvez você precise se vestir de si mesma para enfrentar seus gigantes do dia a dia, ao invés de tentar usar a "armadura" que está na moda ou que alguém lhe disse que deveria vestir. Sua vestimenta real e única a fará se sentir mais segura e confiante do que qualquer item escolhido por outra pessoa.

Quantas pessoas não se vestem para uma entrevista de emprego de uma maneira que não tem nada a ver com elas, e além de lidar com a ansiedade da entrevista, ficam desconfortáveis na roupa, sem saber como se sentar nem andar? Ou mesmo numa festa: para além da pressão social de "ter" que estar bonita, algumas mulheres ainda escolhem looks que não as representam para fazerem de conta que são poderosas e glamourosas.

Quando nos submetemos cegamente às regras sociais, ou às regras que criamos para nós mesmas, saímos perdendo. Davi venceu Golias por diversos fatores, inclusive por estar usando a roupa certa: ele se vestiu de si mesmo.

Para identificar seu estilo pessoal e definir a imagem que deseja transmitir, algumas atitudes são essenciais:

- Não deixe seus gostos e preferências de lado. Saber exatamente o que você quer e priorizar seu gosto é essencial para construir uma imagem única e com muito estilo.
- Não reproduza ingenuamente um visual que a atrai. Procure inserir em seu visual apenas elementos que realmente a representam e que transmitem, de forma clara, sua personalidade.

- Não deixe que a opinião das pessoas dite seu visual, por mais que tenham boa intenção. Quem precisa saber o que a valoriza é você mesma. As opiniões dos outros são apenas uma expressão de como enxergam tanto a elas como a você. Busque sua própria forma de se expressar por meio das roupas.
- Não tenha medo de mostrar suas escolhas. Vista o que lhe faz bem e a deixa confiante, sem medo do que vão falar ou pensar sobre você.
- Não deixe de adequar seu visual ao ambiente. Dessa forma você transmite credibilidade e respeito. Ter estilo é saber se vestir de si mesma, adequando seu estilo aos mais variados ambientes.

OS TRÊS PILARES

Defendo fortemente que três pilares formam o estilo pessoal de cada um: criação, personalidade e estilo de vida. Eles definem quem você é hoje e o que você deve vestir para transmitir esse estilo único.

Criação

A forma como foi criada diz muito sobre quem você é hoje. Eu fui criada por um descendente de alemão. Meu pai, que me deu o sobrenome Stahr que amo tanto, teve uma criação mais rígida e pouco afetuosa; porém, conseguiu dar aos filhos mais do que recebeu, nos amando do jeito dele. Ele gostava de nos provocar, brincando sobre nossa aparência ou traços de nossa personalidade. Não pense que isso me deixou com a autoestima baixa. Por conta das piadas do meu pai, não tive muitos problemas com ofensas. Se alguém fizesse piada comigo, não me abalava tanto. Mas ele nunca foi de elogiar. Ele era daquele tipo que costumava dizer: "Você não fez mais do que a obrigação". Mesmo que isso tenha virado assunto de piada na família, desenvolveu em mim um nível de exigência bastante apurado.

Isso teve dois impactos na minha vida. O primeiro deles foi positivo, pois me tornei exigente em tudo o que faço e me recuso a entregar menos do que o meu melhor, seja varrer o chão da casa, seja ministrar uma palestra em um grande evento. Inclusive, meu pai dizia: "Você pode trabalhar varrendo o chão, mas seja a pessoa que varre o chão melhor do que qualquer outra". O segundo impacto foi negativo, pois eu queria ser a melhor em tudo. Precisei trabalhar minha mente para compreender que eu não precisava continuar nessa competição com as pessoas nem comigo mesma, porque na vida sempre haverá alguém que faz algo melhor do que nós. Quando aceitamos isso e compreendemos nosso propósito, tudo fica mais leve.

Minha mãe, por outro lado, me incentivava e torcia muito por mim. Ela dizia coisas como "O mundo vai te conhecer", "Você vai ser a Miss Brasil 2000", entre outras frases que falavam sobre eu ser alguém relevante e fazer a diferença no mundo. Essas palavras afirmavam para mim que eu tinha um chamado, algo para cumprir. As palavras dela também me fizeram querer ser melhor em tudo, me cobrando demais para conquistar meu lugar no mundo.

Por fim, juntando as palavras de afirmação da minha mãe com as palavras exigentes do meu pai, me tornei alguém que pensava não ter alcançado o suficiente. Era como se sempre faltasse alguma coisa enquanto eu buscava ser a melhor, seja porque minha mãe dizia que eu seria alguém, seja porque meu pai falava que esse era meu dever. Isso se refletiu na minha maneira de me vestir.

Quando busco uma roupa para vestir, escolho peças de muita qualidade, que transmitam perfeitamente meu nível de exigência. Também procuro inserir peças com algum diferencial, que me destaquem, como minha mãe dizia ser meu destino. Ou seja, minhas roupas transmitem, independente do look, qualidade e diferencial, características intrínsecas à criação que recebi.

Nossa criação não pode ser alterada no passado, mas pode ser vista de forma diferente hoje. Enquanto enxergava minha criação com olhos infantis, marcados pela falta do que precisei e não recebi, eu me sabotei. Vivia em competição com os outros e comigo mesma. Precisei desenvolver olhos maduros, que aprenderam a cuidar melhor de tudo de bom que recebi.

Enquanto não encarar o passado como parte de quem você é hoje, você terá dificuldades em definir a imagem que quer transmitir. Ela é reflexo de quem você se tornou. Enquanto olhar para a escassez, transmitirá escassez em tudo que vestir, ou seja, nada será bom o suficiente. Mas quando você olhar para sua caminhada e perceber o quanto cresceu e aprendeu com cada experiência vivida, você transmitirá autenticidade, vida e propósito. E isso estará claramente estampado em seu visual.

Personalidade

A criação que recebemos influencia muito nossa personalidade. É comum que pessoas criadas de forma rígida e formal (por exemplo, filhos de militares), tenham traços de personalidade mais fechados. Por outro lado, quem cresceu sendo tratada como uma bonequinha, provavelmente possui uma personalidade mais meiga. Quem foi criado em uma casa artística provavelmente tende a ser mais criativo e comunicativo. Quem viveu em uma família zero vaidosa, superbásica, que não incentivava uma imagem pessoal apurada, possui traço de personalidade mais informal e discreto.

Todos esses traços de personalidade se refletem em nosso visual: pessoas rígidas costumam usar roupas sérias; pessoas românticas tendem a preferir rendas e cores pastéis; pessoas criativas são mais interessadas em explorar texturas, estampas e sobreposições arrojadas em seus looks.

É claro que não somos inteiramente determinadas pela criação. Você conhece pessoas — talvez seja uma delas — que têm uma personalidade bem diferente do restante da família, ou pelo menos, diferente dos pais ou responsáveis que a criaram. A partir da adolescência, o ser humano começa a fazer suas próprias escolhas; entre elas, em relação ao que quer vestir. É por isso que adolescentes querem experimentar um monte de coisa. Nessa fase, eles começam a se encontrar dentro da própria personalidade e gostos pessoais, ainda que de forma inconsciente e, geralmente, vestem o oposto do que foram "ensinados" a usar. Na minha adolescência, eu renunciei aos babados da infância e só usei preto: batom preto, roupa preta, coturno preto, um monte de pulseira de couro no braço, e um cabelo horroroso que eu, na época, achava o máximo. Hoje, meu estilo tem traços desse visual urbano mais pesado.

Quando nos vestimos para transmitir nossa personalidade, procuramos peças que estejam de acordo com quem somos. Por exemplo, se você tem uma personalidade extravagante, provavelmente se sentirá atraída por peças mais chamativas. Se você tem uma personalidade mais formal, roupas mais clássicas a atraem. Todas as formas de se vestir são estilos válidos, não há certo nem errado. Ou seja, você não precisa usar uma roupa extravagante só porque está na moda ou por acreditar que uma peça fora das suas escolhas comuns irá deixá-la mais estilosa. Não mesmo. O que vai acontecer é você se sentir fantasiada de outra pessoa e, consequentemente, sem estilo pessoal.

Tipos de personalidade

Estilo é sua personalidade em forma de roupa. Assim, para um visual autêntico que flui diretamente de quem você é, é preciso conhecer bem as qualidades que a definem, seus pensamentos, sentimentos e comportamentos mais naturais.

Embora cada personalidade seja única, existem certas atitudes e preferências que são encontradas em pessoas diversas. A partir desses pontos de contato, foram delineados sete perfis de personalidade que

Personalidade básica/ natural	Personalidade elegante	Personalidade clássica/tradicional	Personalidade moderna
• Prática • Objetiva • Casual • Informal • Gosta de estar ao ar livre • É ligada com a leveza e a liberdade da vida • Despojada • Preza pelo conforto	• Exigente • Sofisticada • Perfeccionista • Gosta de qualidade em tudo • Criteriosa • Tem apreço por ambientes (e visual) limpos • Observadora • Equilibrada	• Pragmática • Rígida • Gosta de regras • Organizada • Conservadora • Séria • Discreta • Reservada	• Decidida • Bem-resolvida • Antenada às últimas novidades • Intimidadora • Influenciadora • Possui presença marcante • Gosta de coisas originais e exclusivas • Líder

servem como diretrizes básicas para entendermos os estilos pessoais.

Analise a tabela a seguir. O seu perfil principal é aquele que possuir o maior número de características que a definem. Provavelmente você encontrará características suas em todos os perfis, e isso é totalmente normal, uma vez que cada perfil reflete um estereótipo, e não uma pessoa real. Muito provavelmente, sua personalidade é a mistura de dois a três perfis — se você se identificar com mais, provavelmente precisa passar mais tempo consigo mesma para descobrir melhor a mulher única que você é.

Personalidade criativa	Personalidade sexy	Personalidade romântica
• Comunicativa • Foge dos padrões • Ousada • Inovadora • Original • Artística • Exótica • Aventureira	• Otimista • Carismática • Exuberante • Corajosa • Confiante • Chama a atenção • Preocupada com o corpo e a imagem • Atraente	• Delicada • Sonhadora • Valoriza a beleza natural das coisas • Feminina • Possui sensualidade sutil • Meiga • Tem dificuldade em dizer não • Insegura

Estilo de vida

Estilo de vida engloba tudo ao seu redor: hobbies que possui, ambientes que frequenta, círculo de amizade. Tudo isso influencia seu jeito de se vestir, visto que cada um desses universos possui uma linguagem visual na qual você está inserida de alguma forma. O lugar em que você mora, por exemplo, define muito do que você veste. Não adianta querer vestir um look superurbano, moderno e fashion se você vive num reduto hippie na praia. Não vai rolar: você vai ser sempre a esquisita da cidade. Se vive no litoral, seu guarda-roupa será diferente do que você teria se morasse em uma capital cosmopolita e com clima mais frio.

O seu trabalho também define parte do seu guarda-roupa. Não tem jeito: é preciso se vestir de maneira profissional, quer seu trabalho tenha um código de vestimenta estabelecido, quer não. Esse ambiente determina sua maneira de se vestir pelo menos cinco dias na semana.

Seu círculo de amigos, da mesma forma, influencia suas roupas. Uma vez que nossas amizades sempre têm algo em comum conosco, é possível que nossas roupas espelhem as preferências e as tendências daqueles que escolhemos ter ao nosso lado.

> Todas nós vivemos em algum ambiente que requer determinado tipo de roupa: o trabalho, a igreja, os locais públicos. Mas o seu estilo pessoal — preferências, gostos, personalidade — deve estar dentro disso.

Considerando que são três pilares que formam o nosso estilo, podemos ter, no fim das contas, até três estilos pessoais diferentes. Por exemplo: você foi uma criança muito embonecada, que lhe deu uma veia romântica. Mas quando chegou à adolescência, você se tornou uma jovem muito decidida e ousada, buscando se diferenciar dos demais. Isso lhe deu um ar mais moderno. Mas hoje, adulta, você trabalha num órgão público que exige trajes mais clássicos. No fim, hoje você é uma pessoa de estilo romântico, moderno e clássico. Pode ser que alguém tenha apenas dois estilos, mas ninguém tem um estilo só.

QUEM DEFINE SEU VISUAL?

Apesar dos três pilares que compõem nosso estilo, muitas mulheres deixam de lado tudo isso e vestem o que a mãe gosta, o que a chefe exige, o que as amigas vestem, o que o vendedor sugere e assim por diante. Antes de pensar em qualquer pessoa, você deve se vestir para si mesma, para se sentir bonita, confiante e segura.

A roupa tem uma função de armadura: pode fortalecer ou esconder. Você deve saber qual a função dela na sua imagem. Quando nos vestimos primeiro para nós mesmas, a roupa é a armadura que fortalece, que nos faz sentir mais confiantes e seguras. Quando nos vestimos pensando na opinião de outros, a roupa é armadura que nos esconde, ou até mesmo que nos afasta dos outros.

Se a opinião de outra pessoa vale mais do que a sua, você terá dúvidas sobre o que usar e poderá muitas vezes se vestir para o outro, sentindo-se desconfortável em suas próprias roupas. E quando falo sobre o outro não me limito apenas à amiga, mãe, irmã. Falo das opiniões que você carrega em sua mente até hoje, acumuladas durante toda a vida a partir de críticas, apelidos e rótulos que os outros lhe deram. Falo também da imagem que você acredita que os outros têm a seu respeito: "O que vão pensar de mim no trabalho?", "O que vão achar se eu usar isso?". Vestir-se para os outros é ser escrava de um pensamento limitante sobre a opinião de pessoas próximas, de pessoas do passado ou de seu autojulgamento.

Enquanto não se libertar do que os outros pensam ou pensaram sobre você, suas roupas continuarão vestindo você com o peso de todas essas opiniões e rótulos, sem qualquer liberdade.

O UNIFORME

Para se vestir bem, escolha se vestir de si mesma, e não mais para os outros, buscando aceitação. Quando queremos ser aceitas, usamos o uniforme da moda, do grupo do trabalho, das mulheres influentes do seu círculo social. A uniformização torna os diferentes iguais. Mas você não quer ser apenas mais uma, tendo em vista a riqueza que faz parte de uma história que é só sua!

Se existia uma coisa que acabava comigo durante a época de escola era o uniforme. Eu nunca gostei de padronização e, por isso, inventava cada dia uma coisa nova para usar na escola. Trocava o penteado, colocava um cadarço colorido no tênis, usava meias coloridas — qualquer coisa que me diferenciasse dos demais. E assim consegui viver em paz com o uniforme.

Porém, a adolescência foi um terror. Eu, que havia sido magrela a vida toda, em um ano fiquei completamente curvilínea: um busto grande demais, quadris largos e cintura fina. Se existe uma roupa que não valoriza o biotipo ampulheta é o uniforme de escola — bermuda de helanca e camiseta —, porque para valorizar esse biotipo, é preciso definir a cintura. Mas eu, com a típica vergonha adolescente de exibir o corpo, jamais colocaria a camiseta por dentro da bermuda para acinturar o look. Então, o que acontecia: o busto grande criava uma "cortina" com a frente da camiseta, o que me fazia aparentar muitos quilos a mais. Toda aquela história de me diferenciar dos demais se aquietou um pouco, mas o que cresceu foi o ódio pelo uniforme.

Você provavelmente teve seus dramas de roupa durante a infância e adolescência, e após tantos erros e acertos, seria saudável ter descoberto o que realmente funciona em você. Mas vejo muitas mulheres que continuam até hoje como a adolescente uniformizada. A diferença é que, hoje, o uniforme é imposto a elas por elas mesmas. Se vestem de acordo com os padrões da moda ou da cultura em que estão inseridas por medo de não serem aceitas ou serem criticadas. Isso, ao contrário do que imaginam, não as deixa mais estilosas, mas acabam com seu estilo pessoal, tornando-as apenas mais uma.

O engraçado é que, provavelmente, na adolescência elas não gostavam do uniforme, assim como eu não gostava, porque ele não tinha nenhuma identidade. E hoje, elas querem usar o uniforme, que também não tem identidade. Logo agora que poderiam vestir qualquer roupa, continuam seguindo uma imposição que não leva a lugar algum, somente traz insegurança.

Estilo x visual

Quando falamos de estilo, falamos de personalidade. Mas quando falamos de visual, três pontos são essenciais.

1. Qualidade: buscar peças que sejam bem-feitas (vamos nos aprofundar nesse tópico no capítulo sobre compras).
2. Coerência: usar peças que estejam de acordo com quem eu sou.

3. Adequação: utilizar as *minhas* peças de forma adequada com o ambiente que frequento.

Não importa qual seja o seu estilo, seguindo esses três pilares, você estará bem-vestida em qualquer situação.

AS REGRAS DE ESTILO

Para muitas pessoas, se vestir bem parece se resumir, de alguma forma, a seguir regras de etiqueta, de vestimenta e de como ser elegante. Isso é um grande equívoco. A verdade é que, desde que regras de etiqueta foram associadas às regras de moda, tudo se perdeu. Vestir-se bem não tem a ver com ser educada, recatada ou saber as regras de etiqueta. Uma pessoa pode saber todas as regras de etiqueta e não saber absolutamente nada sobre o que cai bem em seu corpo e em sua imagem pessoal.

Na década de 1990, quando a consultoria de moda, imagem e estilo começou a ganhar espaço, iniciou-se uma adequação ao que era considerado visualmente aceitável. Para isso, os consultores — à época mais austeros e donos da verdade — criaram regras que deveriam ser obedecidas à risca para não ser um fora-da-moda sem estilo. Com o passar dos anos, surgiram novos padrões e regras para se vestir, associados à etiqueta social. Assim, ser elegante e bem-vestida tornou-se sinônimo de ser bem educada, saber se portar etc. As mulheres, então, concluíram que assim como existem regras para pôr a mesa, existem regras para se vestir. Um grande erro.

Não é possível definir padrões de vestimenta da mesma forma que se define a posição dos talheres na mesa. A *etiqueta social* é baseada em regras que visam facilitar o convívio por meio de protocolos de comportamentos para determinadas situações.

O *estilo*, por outro lado, é uma expressão pessoal e única do indivíduo. Além disso, diferente de talheres, pratos e taças, as mulheres vêm em vários tipos de corpo, possuem inúmeros objetivos ao se vestir e frequentam ambientes dos mais diversos. Ou seja, tem muita coisa que impede a regra de dar certo para todos. Se isso fosse possível, aliás, todo mundo já estaria se vestindo de forma confiante e com muito estilo.

Desde os anos 2000 até hoje, tenho visto uma enxurrada de *certo x errado*, *use x evite*, e tabelas prontas de como usar determinada peça. Faz sucesso pois parece fácil e prático. Basta seguir o script e você estará adequada. Mas não se iluda acreditando que toda informação da internet vai funcionar em você. Se o look que você copiou não funcionar, não pense que o problema está no seu corpo ou na sua atitude. Acontece apenas que você não é a pessoa da foto — você é outra pessoa, com seus próprios gostos e necessidades a entender e atender.

Copiar os looks mais postados não é o caminho para ter estilo e estar atualizada. Para se vestir bem, você precisa se conhecer e respeitar quem é. Crie suas próprias regras e não deixe a moda da massa dominar seu guarda-roupa. Vista-se mais de você, com menos regras e mais estilo.

Estilo depois dos 40

Muitas mulheres ficam em dúvida se têm que repaginar o visual para acompanhar a idade e usar o que "mulheres da sua idade" usam. Nada disso. Cada mulher de 40 (ou 50, 60, 70...) é uma mulher diferente. Não importa a idade, cada uma vai se vestir de acordo com seu estilo pessoal.

Chegou aos 40? Não negligencie o seu estilo. Continue a vestir peças que transmitam quem você é. Suas próprias necessidades vão determinar o que é adequado ou não.

De forma geral, as sugestões de stylist são:

- Evites roupas excessivamente decotadas, curtas ou coladas ao corpo. Transmitem um visual deselegante, vulgar e até jocoso.
- Prefira estampas abstratas e geométricas e tenha cautela ao escolher estampa de onça (que transmitem o mesmo visual vulgar que comentei acima) ou florais com fundo escuro (que podem envelhecer).
- Cores neutras em tons claros (marfim, off white, cimento, gelo, bege, branco) ou tons vibrantes (vermelho, azul royal, verde bandeira, amarelo, laranja) costumam rejuvenescer.
- Cores em tom pastel (pêssego, lilás, rosa bebê, azul bebê), podem envelhecer a aparência.
- Misture elementos casuais (peças coloridas, estampadas ou tendências de moda) com peças de alfaiataria. A alfaiataria, em qualquer idade, deixa o visual mais maduro. Então, evite looks superclássicos se este não for seu estilo.

Não se prenda a regras do tipo "Depois dos 40 não se usa roupa de couro". Menos regras, mais estilo! Continue a usar as peças que transmitem quem você é, mas que se ajustem melhor ao seu novo momento de vida.

CRIANDO SEU MANUAL DE ESTILO

Para compreender o que realmente tem a ver com você, vamos usar um questionário de autoconhecimento. Seu estilo pessoal se baseará nisto: sua personalidade, suas preferências e seus gostos.

Consolidar seu estilo não é questão de descobrir uma nova forma de se vestir, mas colocar no papel detalhes nos quais você nunca havia reparado antes. Quando se conscientiza das suas preferências, você automaticamente cria o seu manual personalizado de estilo.

Responda às perguntas a seguir para si mesma, sem se preocupar em certo ou errado. Escreva de forma que você entenda agora e depois o que quer dizer, para revisitar o questionário e analisar suas demandas e necessidades. Atenção: *escreva* as respostas.

SUA PERCEPÇÃO DE SI

1. Selecione, entre os conjuntos abaixo, 2 opções que mais se aproximam de sua personalidade. Repare nos estilos de roupa que transmitem as características de cada personalidade.

   - ☐ Alegre / Divertida / Comunicativa / Extrovertida: roupas coloridas e estampadas.
   - ☐ Casual / básica / informal / despojada: roupas em malha, confortáveis e práticas.
   - ☐ Delicada / Meiga / Feminina: vestidos, roupas com bordados e em tons claros, tecidos leves.
   - ☐ Exigente / Perfeccionista / Criteriosa: roupas de qualidade, de excelente corte e caimento; tecidos sofisticados.
   - ☐ Exótica / Excêntrica / Autêntica: roupas diferentes, brilhosas, estampadas, trabalhadas, ousadas.

☐ Séria / Tímida / Calada / Observadora / Recatada: roupas formais, de alfaiataria, com cores clássicas ou escuras.

2. Escolha até 3 adjetivos que descrevam sua forma atual de se vestir. Eles serão seu guia sobre qual a imagem (ou mensagem) sua roupa vai transmitir.

☐ Casual
☐ Delicado
☐ Divertido
☐ Exótico
☐ Formal
☐ Imponente
☐ Ousado
☐ Sensual
☐ Sofisticado

3. Quais suas dificuldades para se vestir hoje? Como você poderia solucionar essa dificuldade?

....

....

....

4. Quais peças você usava até o ano passado que não consegue usar mais, por não terem mais coerência com a imagem que você quer transmitir? (Anote e RETIRE do guarda-roupa.)

....

....

....

....

5. De quais partes do seu corpo você mais gosta? Como você as valoriza a partir das roupas? Conscientize-se de seus pontos fortes, pois são neles que você deve focar.

....

....

....

6. Quais partes do corpo você não curte? Como você as neutraliza a partir das roupas? Tenha consciência do que você não se agrada para aceitá-las. Todas as mulheres possuem partes no corpo com as quais não se sentem confortáveis. O que muda a sensação não é uma cirurgia plástica, mas a forma de cada uma aceitar seu próprio corpo, por inteiro.

....

....

....

....

SUAS PREFERÊNCIAS

1. Quais são as cores que mais a representam? Essas cores precisam estar em sua cartela de cor, pois transmitem quem você é. Escolha 2 opções neutras e 3 opções coloridas.

■ NEUTROS
☐ Bege
☐ Branco
☐ Cinza
☐ Marrom
☐ Preto

- ■ COLORIDOS
- ☐ Amarelo
- ☐ Azul
- ☐ Laranja
- ☐ Rosa
- ☐ Roxo
- ☐ Verde
- ☐ Vermelho

2. Selecione as 3 estampas que mais a representam. Elas também devem compor seu guarda-roupa.

- ☐ Abstrato
- ☐ Cobra
- ☐ Divertidas
- ☐ Floral
- ☐ Listra
- ☐ Onça
- ☐ Poá (bolinhas)
- ☐ Psicodélica
- ☐ Xadrez

3. Quais são as 3 peças de roupa que você mais usa? Essas peças irão compor seu guarda-roupa básico.

- ☐ Bermuda (ou short)
- ☐ Blazer
- ☐ Calça social
- ☐ Camisa
- ☐ Camiseta
- ☐ Cardigan

☐ Colete
☐ Jeans
☐ Macacão
☐ Parka
☐ Regata
☐ Saia
☐ Vestido
☐ Outra..

E o calçado?

Há muitas questões que influenciam a escolha do sapato, e que vão para além do visual: problemas de saúde, dores físicas, tipo de profissão.

À parte disso, seu calçado faz parte do look, e deve refletir seu estilo e sua personalidade, a partir das cores (cores fortes e estampados são as escolhas das criativas), do material (couro legítimo é uma opção das exigentes), do formato (tênis são quase unânimes entre as básicas) e dos detalhes (tiras nos tornozelos chamam a atenção das sensuais).

A elegância de um calçado não se resume a ter salto alto e bico fino. É possível usar palmilhas, solado comfort e outros acessórios que tornam o calçado mais confortável sem ter que, com isso, abrir mão do seu estilo.

4. Quais peças você gostaria de usar, mas ainda não tem? Ou das quais sente falta em seu guarda-roupa? Anote para experimentá-las em uma loja, e depois analisar se elas funcionam em seu estilo e se serão um bom investimento.

....

....

....

5. Escreva 3 moldes de look que você mais utiliza: um para trabalho, um para lazer e um para noite. Moldes são combinações de peças, por exemplo: camisa de botão + calça social + sapato de salto; ou vestido + rasteirinha; ou blazer + regata + jeans + bota. Estes moldes de look definem sua imagem. Saber suas preferências ajudará a investir nas peças que compõem esses moldes, variando cor, textura e estampa.

....

....

....

....

6. Repare se há algum elemento que se repete no seu visual. Por exemplo: eu tenho um mix de pulseiras, um mix de colares e um par de argolas que estou sempre usando. Esse elemento pode ser um acessório, um corte de cabelo ou penteado (como coque, tranças, franja), um detalhe de maquiagem (batom vermelho, olhos delineados), um detalhe de styling (calça com a barra dobrada, um lenço na cintura). Há algum detalhe que você costuma repetir no seu visual? Essa é sua assinatura de estilo. Seja fiel a ela e tente incluí-la sempre que possível em seus looks.

....

....

....

....

7. Você usa maquiagem? O que costuma usar todos os dias? Anote o que você usa e o que pretende incluir na sua maquiagem diária. Não invente coisas elaboradas se você não tem habilidade nem tempo para executá-las.

....

....

....

....

SEU IDEAL DE IMAGEM

1. Que imagem você gostaria de transmitir a partir de suas roupas? Descreva em palavras quem é a mulher que você quer transmitir, e busque adequar seu visual a essa imagem.

....

....

....

....

2. Anote na tabela abaixo a imagem que você quer transmitir (Imagem idealizada) com as características de personalidade que escolheu no primeiro exercício (Imagem real) e veja se há coerência. Se não houver, de preferência às características de personalidade, e escreva 3 novos valores que mais se aproximam da imagem que você quer transmitir (Imagem possível). Nós vestimos a mistura de quem somos de verdade com a imagem que idealizamos. Essa mistura é saudável e faz parte de uma construção de imagem que condiz com quem somos e aonde queremos chegar.

Imagem idealizada (Quem quero ser)	Imagem real (Características da minha personalidade)	Imagem possível
....	....	....
....	....	....
....	....	....
....	....	....
....	....	....
....	....	....
....	....	....
....	....	....
....	....	....
....	....	....
....	....	....
....	....	....
....	....	....
....	....	....
....	....	....

3. Se você tivesse dinheiro para comprar qualquer roupa de qualquer marca do mundo, você continuaria usando suas próprias roupas, ou mudaria alguma coisa no seu guarda-roupa? Anote e veja o que é possível mudar, aplicar ou renovar em seu visual.

....

....

....

....

....

ATIVIDADES
para refletir

1. Como sua mãe (ou o adulto responsável) vestia você na infância? Como esse adulto se vestia? Perceba o que você trouxe desse aprendizado às suas roupas atuais.

2. Na sua infância, você gostava de se arrumar? Se não, por quê? Talvez a falta de incentivo tenha sido um grande fator. A partir do momento que aprender a se vestir, pode surgir em você uma paixão por se cuidar.

3. Os adultos comparavam você com outras crianças ou adolescentes? Hoje em dia, você se compara com outras mulheres? Pense em todas as comparações e analise se você quer mesmo ser outra pessoa ou se prefere ser você, vestida de você, em um visual singular.

4. O que você não aceita de jeito nenhum em você? Ressignifique suas qualidades físicas e aprenda a olhar para elas. Acostume-se à sua imagem e aceite-a. O segredo não é ter o corpo perfeito, mas aprender a valorizar o corpo que você tem.

5. Faça uma lista de suas qualidades internas e do que você acredita ser defeito. Que tal anotar o que você já venceu, superou e acertou, e se comprometer a mudar o que a impede de se expressar de forma livre e real?

6. Como você se define hoje? O que você tem feito hoje para ser a pessoa que quer ser no futuro? Trace metas diárias em relação ao que você está disposta a fazer por sua imagem. O primeiro passo talvez seja começar a se cuidar.

para praticar

1. Pensando em seu questionário de estilo, o que você pode inserir e o que pode retirar no seu visual?
2. Ao se vestir nos próximos dias, fotografe o look e avalie. O que a roupa diz sobre você? O que você gostaria que ela dissesse?
3. Quando for elaborar o próximo look, dê menos importância ao corpo e mais importância ao seu estilo.

capítulo cinco

O GUARDA--ROUPA

Para se vestir de forma prática e prazerosa, seu guarda-roupa não pode ser um campo de batalha. Ele deve ser coerente e organizado para você não perder tempo nem paciência na hora de se vestir. Deve ser um facilitador, não um causador de estresse, na tarefa de escolher a roupa em que você viverá mais um dia.

precoce

Eram 6 horas da manhã.

Acordei, abri o guarda-roupa e tirei de lá todas as roupas. Não, eu não era sonâmbula. Era apenas uma menina de 5 anos em busca do look perfeito.

Eu visualizava o que queria vestir, mas não conseguia compor o visual por não ter as peças que estavam no meu imaginário. Isso resultou em choro e frustração. Para me acalmar, minha mãe comprou conjuntinhos prontos, com tudo combinando — exatamente como eu precisava. Esse foi o primeiro drama de estilo resolvido na minha vida.

Hoje, vejo aquela menina em muitas mulheres. A mesma frustração de encarar o guarda-roupa todas as manhãs e não conseguir construir o look ideal, ou nem mesmo visualizar que roupa é essa que poderia mostrar para elas mesmas e para o mundo quem são de verdade.

Se nos vestirmos com menos emoção e mais razão, como minha mãe fez, chegaremos mais facilmente a uma solução. Para isso, abra seu armário e espie o que tem lá. Suas respostas — e alguns de seus problemas — estão escondidos no fundo do seu guarda-roupa.

O SONHO da maioria das mulheres é ter um guarda-roupa com peças que funcionem em todas as ocasiões, que combinem entre si, que componham looks incríveis para qualquer evento, que sejam atuais e que tenham boa qualidade.

Nada disso tem a ver com seguir tendências de moda, reparou? O guarda-roupa ideal não é uma coleção de peças caras, nem requer que você invista todo mês em roupa nova. Aliás, se investir em roupa nova fosse a chave para o guarda-roupa completo, acredito que 90% das mulheres já teriam feito essa conquista! A base do guarda-roupa perfeito é o autoconhecimento, combinado com peças que realmente funcionem em você, que estão de acordo com seu estilo, com seus objetivos de vida e com os lugares que você frequenta.

Mas o que acontece na maioria das vezes que visito um closet? Encontro nele roupas que não se encaixam na vida da dona. Assim, quando ela abre o guarda-roupa, encontra de tudo, menos o que realmente precisa. Dessa forma, se vestir se torna trabalhoso, cansativo e frustrante.

Nossas roupas nos representam diariamente. Elas são responsáveis por transmitir aos outros uma mensagem não verbal, e levam as pessoas a tirarem suas conclusões a respeito de quem somos, antes mesmo de falarmos qualquer coisa. Se você parar em frente ao seu guarda-roupa hoje e dar uma olhada geral nas peças, o que elas transmitem sobre você? O que o cuidado com suas roupas, aliás, fala a seu respeito? Elas têm um lugar determinado no guarda-roupa? Você sabe tudo o que tem lá dentro? E o que está lá reflete você, de uma forma ou de outra?

Enquanto não encarar seu guarda-roupa como um veículo importante que transmite à sociedade quem você é, ele será como uma loja de departamento: muita peça variada, mas sem representatividade, personalidade nem essência. Se no seu guarda-roupa tem de tudo um pouco, ninguém sabe ao certo quem você é. Talvez, nem você mesma.

ORGANIZADA POR FORA E POR DENTRO

Pense aí: existe algum item na sua vida que esteja mais próximo de você do que suas roupas? Nossas roupas nos abraçam. Elas têm nosso cheiro, e muitas, como a calça jeans, adquirem até o formato do nosso corpo. São os itens que mais têm contato com seu corpo e sua imagem. Eles nos envolvem 24 horas por dia, na forma de um pijama, de um biquíni, de um uniforme de trabalho ou de uma roupa de festa.

Sendo assim, por que não cuidar desses itens tão íntimos com mais carinho? Por que entulhar as roupas dentro de um guarda-roupa, de qualquer jeito?

A bagunça é algo que desestrutura qualquer área da vida — finanças, relacionamentos, saúde, guarda-roupa. Para viver bem, em equilíbrio e paz, organizar é essencial. Sem organização, você acabará abusando de uma destas três coisas: tempo, dinheiro ou paciência. Quando a casa está bagunçada — pelo menos a minha! —, parece que tudo fica mais difícil de funcionar. Eu não encontro o que quero, e a rotina perde a praticidade. Um ambiente desorganizado contamina todo o resto. Com o guarda-roupa é exatamente igual. Se você sabe exatamente quais são e onde estão suas roupas, se vestir fica mais fácil e prazeroso.

Ter tempo para seu guarda-roupa é ter tempo para você. Organizar o guarda-roupa é se organizar internamente. Conhecer seu guarda-roupa é se conhecer. Então, se seu guarda-roupa pode fazer tanto por você, vale a pena cuidar dele com carinho, dedicação e foco.

Seu guarda-roupa é o reflexo do que você quer expressar para o mundo. Quando cuidamos das roupas, estamos zelando por nossa imagem, para que ela seja agradável, atrativa e interessante. É também uma demonstração de autocuidado que gera autoconfiança e economia, pois roupas bem-cuidadas duram muito tempo. Não adianta ter itens da moda e peças estilosas e não cuidar delas: é o zelo por suas peças que causarão o maior impacto em sua imagem, para melhor ou para pior.

E então, pronta para organizar?

PASSO 1: AVALIAÇÃO

Para começar da forma certa, você precisa fazer uma limpeza no seu guarda-roupa. Não adianta saber seu estilo, conhecer seu formato de corpo, ter roupas bacanas se você tem um guarda-roupa inacessível: lotado, bagunçado, cheio de roupas que não servem mais em você. É preciso ser criteriosa na hora de fazer essa limpa: no seu guarda-roupa tem de estar apenas o que a representa e contribui com sua imagem.

Você pode tirar tudo ou fazer por partes (gaveta a gaveta, setor de cabides). O importante é conduzir de uma forma que você consiga concluir a limpeza em poucos dias. Sugiro que se programe para fazer isso a cada seis meses ou anualmente.

Peças paradas

O primeiro passo é tirar tudo o que está estragado: roupa manchada, furada, rasgada, deformada, encolhida etc. Veja se é possível ajustá-las para que ganhem mais um tempo de vida. Se não tiver conserto, separe e encontre alguma utilidade — malhas supervelhas, por exemplo, podem ser excelentes panos de chão ou para tirar pó.

Veja também se você tem roupas datadas (roupas de tendências ultrapassadas): uma estampa que não se usa mais, ou uma modelagem ou tecido muito antigo. Não se esqueça de olhar também as bolsas, os sapatos, as roupas de frio e as roupas de festa. Como são itens que não ficam tão visíveis no guarda-roupa, muitas mulheres se esquecem de atualizar essas seções, e vez por outra encontro lá um sapato de bico quadrado que nem se usa mais, ou um vestido de festa anos 90, esperando a chance de brilhar em uma festa… Mas já passou da época.

Depois, veja quais peças precisam de um ajuste, como um zíper que emperrou, um botão que caiu, aquela calça que precisa de fazer a barra e você sempre esquece, ou a cintura de uma peça que está apertada ou larga demais para que você a use. Separe para levar à costureira o mais rápido possível. A ideia de fazer isso rapidamente é que não se passe mais seis meses e aquela peça continue ali, sem ser usada, e ocupando espaço no guarda-roupa.

Na sequência, separe as roupas que você usa constantemente daquelas que estão paradas no guarda-roupa faz um tempo. Considere cada peça que está encostada: por que você não usa mais? Vista a peça em frente ao espelho e analise se ainda está de acordo com seu estilo, se veste bem, se você se sente bem nela, se consegue usá-la hoje. Se ao você vestir a peça você não sentir conforto físico e psicológico — ou seja, se ela não vestir seu corpo de forma confortável e com excelente caimento nem vestir sua essência, deixando-a confiante dentro dela —, considere a possibilidade de reformar a peça.

Você não precisa mandar embora tudo o que não está afinado com você. É possível fazer ajustes ou reformas que rendem mais tempo de uso para suas peças:

- Tingir de outra cor.
- Inserir uma barra ou aplicação.
- Fazer um bordado.
- Colocar tachas e spikes.
- Transformar calça em short ou bermuda.
- Transformar saia longa em mídi ou curta.
- Transformar calça flare ou pantalona em calça reta.
- Transformar vestido em blusa.
- Transformar vestido longo em mídi ou curto.
- Transformar jaqueta ou blazer em colete.

O dia da limpeza também é ótimo para você revisitar aquelas peças que você ama, mas que não usa muito. Se você tiver alguma roupa assim, separe para se desafiar a elaborar três looks com essa peça para você encontrar opções de utilizá-la no dia a dia. Não adianta: na hora de sair de casa você não vai ter ideias de como usar a tal roupa. O ideal é planejar algumas combinações antes. Esse é um excelente exercício de criatividade, e você adquire criatividade para montar looks praticando.

Se qualquer roupa não encontrar mais uso no seu guarda-roupa, seguimos para a próxima etapa: desapegar-se. Muitas pessoas podem fazer um ótimo proveito da peça que não lhe serve mais.

Desapegue

Na adolescência, tive uma amiga que, como eu, gostava de elaborar um visual diferente, único, com a assinatura dela. Uma das vezes em que ela mais pesquisou para elaborar um visual com todo cuidado foi para ser madrinha de um casamento. Durante um tempão, ouvi ela falar sobre o vestido, a maquiagem, o penteado, o sapato. Ela tinha tudo idealizado.

No grande dia, ela se arrumaria em um salão perto da minha casa, e depois iria lá para se vestir. O tal vestido ainda não estava passado — o que passava eram as horas, e nada de ela chegar. Então decidi passar o vestido. E aconteceu isso mesmo que você está pensando: queimei o vestido com o ferro. Nunca gostei de passar roupa, e os ferros lá de casa deviam ter cola, pois de vez em sempre eu queimava alguma peça.

Eu chorei, desesperada! Ela tinha falado daquele vestido por semanas. O que eu ia fazer?

Quando ela chegou do salão de beleza, abri a porta aos prantos, pedindo desculpas. Eu estava arrasada. Mas ela era amiga mesmo! Falou que tudo bem, e que eu tinha um monte de roupa que ela poderia usar. Abrimos o guarda-roupa e realmente tinha muita opção de roupas de festa. No fim, ela usou um vestido que minha mãe havia comprado em Nova York, uma peça única. Ela foi toda feliz com ele para o casamento, se sentiu linda, e me disse, ao final do evento, que tinha sido melhor usar aquele vestido em vez do outro. (Esse, aliás, levei para um alfaiate, que conseguiu consertar.)

Hoje, olhando para trás, acredito que tudo deu muito certo no fim das contas. O tal vestido que ela havia escolhido era realmente lindo e moderno, mas era preto e na altura do joelho. Ainda hoje não se vê com bons olhos uma madrinha usar preto no altar, nem mesmo um vestido na altura do joelho. Imagina em 1998, quando o código de vestimenta era mais rígido? A galera ia cair em cima dela, dizendo que o look não era adequado para uma madrinha.

Muitas vezes as roupas simplesmente não funcionam mais, e isso acontece com todo mundo. Isso me lembra José do Egito. Ele teve uma relação com túnicas. Primeiro foi a que seu pai, Jacó, lhe deu: uma túnica toda colorida, que ia até o tornozelo. Para José, essa túnica representava o amor de seu pai por ele, mas para os seus irmãos, representava a preferência de Jacó. Por isso, os irmãos odiavam José e, consequentemente, a túnica. Tanto que, quando seus irmãos o vendem como escravo, eles retêm a túnica e a mancham de sangue, indicando com isso que José estava morto.

A segunda túnica é a que ficou nas mãos da mulher de Potifar quando ela tentou forçá-lo a se deitar com ela. Com essa túnica, ela o acusou de tentativa de estupro, e por causa dessa prova incontestável, José foi mandado para a prisão.

Por fim, quando José interpreta o sonho de Faraó, é colocado como governador do Egito e recebe dele uma túnica de linho fino, digna de sua nova posição.

Como José, temos nossas "túnicas", e algumas delas não cabem mais em nosso momento de vida. Imagine se José continuasse com a túnica colorida que Jacó lhe deu, revivendo a vida toda o momento em que os irmãos tentaram se livrar dele? Ou se ele ficasse parado no tempo, lamentando a túnica roubada pela mulher de Potifar? Enquanto ficasse estagnado nesses momentos, não chegaria a ganhar um dia a túnica de governador.

Existem peças que precisamos deixar ir. Algumas foram significativas, mas não servem mais. Outras precisam ser retiradas do armário como sinal de um tempo que se foi, uma liberdade adquirida que nos fez pessoas melhores e mais maduras. E precisamos entender quem somos hoje, quem nos tornamos, e nos vestir de acordo com o que nos representa hoje.

Então, não insista em usar o que não cabe ou não funciona mais. Se não for possível transformar a roupa — mesmo que seja cara ou querida — o melhor é se desapegar.

Do que você deve se desapegar?

- Roupas que não cabem (grandes ou pequenas), e que não podem ser ajustadas.
- Roupas que você não usa por serem muito apertadas, muito decotadas, muito extravagantes ou muito "qualquer coisa", e que também não podem ser ajustadas.
- Roupas que não vestem bem, que não possuem bom caimento.
- Roupas de má qualidade: tecido ruim, mal costuradas, mal cortadas.
- Roupas que você não tem onde usar, ou seja, que não possuem utilidade nenhuma.
- Roupas furadas, manchadas, desbotadas, rasgadas ou com qualquer dano. Mesmo que você ame a peça, não se iluda com a hipótese de "dar um jeitinho" para continuar usando. Ela estragou!
- Roupas que você se sente estranha ao vestir: incomodam, não parecem suas, não lhe dão liberdade.
- Roupas que você ganhou e nunca usou, mas acha que vai ofender se doar (ninguém vai saber, oras...).
- Roupas que você não usa há mais de um ano. Se for difícil desapegar de itens assim, faça o seguinte: coloque-os em uma mala ou uma caixa e guarde onde preferir. Abra após seis meses ou um ano. É provável que seu vínculo com a peça tenha diminuído, e seja mais fácil removê-la do seu guarda-roupa.
- Roupas afetivas, ou seja, aquelas que você nunca vai usar, mas que não quer mandar embora, como um vestido de

casamento, por exemplo. Se alguma peça tem valor afetivo, escolha uma caixa bem bonita, que ficará guardada em outro local, como o maleiro ou outro armário da casa, e coloque nela a peça afetiva, Você também pode guardar junto outros pertences que lhe trazem recordações. Dessa forma, suas peças afetivas têm um lugar especial, e não ocupam um valioso espaço no seu guarda-roupa.

> Tire do guarda-roupa peças que não cabem. Manter peças que estão pequenas em você derruba sua autoestima todos os dias, na hora de se arrumar. Viva o peso que você tem hoje e vista o corpo que você tem hoje.

Mais do mesmo

Se você abriu seu guarda-roupa e viu muita peça igual, há duas coisas que deve considerar:

1. Você compra peças iguais às que tem porque já sabe o que cai bem em você, mas não sabe variar.
2. Você compra a mesma coisa por conta de um olhar engessado, e não quer arriscar.

No primeiro caso, quando compra peças que sabe que vão funcionar, você está agindo certo; o problema está em não variar com cores, texturas e estampas. Sem isso, seu guarda-roupa fica igual ao da Turma da Mônica, em que todo mundo usa sempre a mesma roupa. Considere abrir mão de peças duplicadas e abrir espaço para outras semelhantes, mas em cores, estampas ou tecidos diferentes dos que você já tem.

No segundo caso, quando você investe em peças exatamente iguais por medo de não arriscar, seu guarda-roupa se torna engessado, sem possibilidades, novidades e expressão. Falta de renovação na vida causa problemas que vão muito além da imagem pessoal. Na verdade, sua imagem é apenas um reflexo dessa estagnação.

Há alguns anos, eu descobri uma doença autoimune e me vi em uma crise da meia-idade. Não tinha perspectiva de futuro, e estava cansada de tudo que vinha fazendo até então. Era como se a Karol que eu havia sido até aquele momento não me coubesse mais.

Comecei, então, a investigar com a minha psicóloga as causas emocionais para uma doença autoimune, uma vez que muitas doenças têm origem em um gatilho emocional. Mas nessas pesquisas, descobri que doenças autoimunes também podem ser geradas por a estagnação. Era exatamente assim que eu me via. Não mais me reconhecia no que vinha fazendo, a ponto de querer fechar minhas redes e canais, e começar outra coisa completamente nova. Essa estagnação se refletiu na forma como eu me enxergava no espelho e nas roupas que eu usava. Já não me expressava por meio delas, não elaborava um look pensando em como me sentiria nele. Eu estava engessada emocionalmente, e minha imagem transmitia exatamente isso.

Precisei me redescobrir e parar de fazer coisas que vinha fazendo no piloto automático. Pedi a Deus novos sonhos, e ele me deu. Com isso, a doença estabilizou. Recuperei minha saúde, meu peso voltou ao que era antes, e voltei a me vestir com criatividade, prazer e expressividade.

Se você possui um guarda-roupa estagnado, uma imagem engessada, investigue o que a leva a isso. Não se justifique dizendo que é falta de criatividade ou que você não sabe combinar as peças. Pode até ser verdade, mas isso não é tudo. Você precisa entender o que a fez estagnar e redescobrir quem você é, o que quer, qual seu propósito de vida, e então se vestir para isso. Vista-se para a sua vida, não apenas para ocasiões específicas. Quando você entende seu propósito, sua essência e sua imagem única, seu guarda-roupa naturalmente começará a ser construído com peças que atendam à sua demanda.

PASSO 2: ORGANIZAÇÃO

Agora que no seu guarda-roupa ficaram apenas as peças que deveriam estar lá, vamos colocar cada peça em seu devido lugar. Para se vestir bem e com prazer, você precisa saber onde estão cada uma das suas roupas e ter fácil acesso a elas. Sem isso, se vestir se torna cansativo, e você usa apenas o que encontra pela frente, frustrada por não conseguir vestir o que havia idealizado.

A organização é algo muito pessoal. Existem tutoriais e esquemas fantásticos na internet, ensinando a dobrar as roupas e guardar peças, mas nada disso adianta se isso dá muito trabalho e não cabe na sua rotina. Eu mesma não tenho paciência para guardar as peças fazendo dobras específicas e diferentes. Meu guarda-roupa é organizado, mas sem muita complicação. Ele cabe no meu cotidiano. Assim, é preciso saber o que você está disposta a fazer pelo seu guarda-roupa, não só na hora de arrumar, mas principalmente de mantê-lo arrumado. É inútil fazer uma superorganização do guarda-roupa se você não conservá-lo assim nem por um mês.

Pode ser que você mude algumas vezes a forma de organizar até encontrar a que realmente atenda às suas necessidades e facilite a hora de se vestir. A despeito do método que você escolher, alguns princípios que ajudam a organizar o guarda-roupa são:

- Ser capaz de enxergar tudo o que tem no guarda-roupa. Por isso insisto em manter uma peça por cabide.
- Ter fácil acesso a roupas e sapatos que você utiliza com mais frequência. No meu guarda-roupa, as minhas botas, que são os calçados que mais uso, ficam na altura das mãos, sem que eu tenha que usar um banquinho ou me agachar para pegá-las.
- Setorizar (assunto do próximo tópico).
- Guardar tudo no lugar certo. O segredo do guarda-roupa organizado é a manutenção. Se não guardar as peças sempre onde elas estavam, logo o guarda-roupa fica bagunçado, e isso vai atrapalhar você na hora de se vestir.

Setorização

Acredito que a melhor forma de deixar o guarda-roupa organizado é setorizando. Isso significa separar as roupas por grupos específicos. Particularmente não indico a setorização por cor, pois quando pensamos em um look, imaginamos as peças que queremos vestir, e não as cores, não é mesmo? Você pensa "Hoje quero usar calça + regata + sobreposição" ou "Hoje quero usar vestido", mas dificilmente imagina "Hoje quero vestir preto e verde". É claro que pode haver dias em que você quer usar uma cor específica, mas de forma geral, pensamos no traje de acordo com a ocasião (mais formal ou mais casual), com o clima (se vamos usar sobreposição ou roupas mais leves) e com a forma com que nos sentimos (se queremos esconder alguma parte do corpo, se estamos inchadas etc.). Por isso, prefiro setorizar por peças. Além disso, quando setorizamos por cor, a sessão dos pretos fica escura e indefinida, tornando difícil encontrar qualquer peça.

Também não indico setorizar as roupas por ocasião, por exemplo: roupas de trabalho, roupas para noite, roupas de lazer. Acredito que não é bacana porque esse tipo de setorização engessa o olhar. Com ele, nunca usaremos a camisa de trabalho para ir ao shopping, por exemplo. Quando deixamos as peças "livres" no guarda-roupa, sem especificá-las para uma ocasião, multiplicamos nossas possibilidades. O blazer de trabalho pode ser misturado com um short jeans, uma regata e um tênis casual para o fim de semana. O vestido brilhoso de noite pode ser usado com uma jaqueta jeans e uma sandália para o happy hour. As possibilidades vão se mostrando.

Saber exatamente onde ficam as calças, os shorts, as saias, as blusas, as regatas, as camisas, as sobreposições, os vestidos e macacões, os colares... enfim, cada grupo irá ajudá-la a montar looks. Se quiser vestir calça + camisa + colete, você sabe exatamente onde estão as calças, os coletes e as camisas. Só precisa escolher qual.

Depois de setorizar por peça, aí sim, sugiro que você agrupe segundo as cores. Por exemplo: no setor de sobreposições, você tem as peças amarelas, as azuis e as pretas. Eu indico organizar as cores segundo a disposição delas em uma caixa de lápis de cor:

- Preto
- Cinza
- Branco
- Terroso (bege, marrom etc.)
- Amarelo
- Laranja
- Vermelho/vinho
- Rosa
- Roxo
- Azul
- Verde

Guardando as peças

Qual é a melhor maneira de guardar as peças? Existem inúmeras. Vou compartilhar a forma com que eu organizo meu guarda-roupa, que é apenas uma dentre tantas possibilidades. Como falei, você pode experimentar novas formas e descobrir a que se adéqua melhor a você.

Eu faço assim:

1. Penduro no cabide as peças fluidas, as que amassam, as mais trabalhadas e as de alfaiataria.
2. No cabide também vão os vestidos e os macacões.
3. Penduro apenas uma peça por cabide.
4. Dobro e guardo em gavetas as peças que não amassam e as que deformariam se ficassem penduradas (como peças de malha, de crochê, de tricô, de renda).
5. Dobro as peças em rolinhos e coloco um ao lado do outro nas gavetas. Dessa forma, enxergo todas elas quando abro a gaveta.
6. Dobro as calças jeans e guardo em uma prateleira (a minha fica abaixo dos cabides).
7. As calças sociais vão em cabides, agrupadas por cor, no máximo duas por cabide.
8. Na lateral interna do guarda-roupa, tenho ganchos adesivos nos quais penduro todos os colares. Acredito que pendurar os colares é melhor do que guardar em caixas porque, esticados, eles não embolam e duram mais tempo — além de serem usados mais vezes, porque fica mais fácil de enxergar todas as suas opções.
9. Os lenços ficam enrolados em uma caixa ou em uma gaveta. Quando estão pendurados em cabides (mesmo os cabides específicos para lenços), eles ficam embolados e deixam o guarda-roupa mais poluído.

10. Os cintos também ficam enrolados em uma caixa ou gaveta. Outra opção é pendurá-los pela fivela em ganchos adesivos, como os colares (mas coloque um em cada porta. Não deixe colares e cintos juntos).
11. Os brincos ficam em uma caixa específica para joias, separados por tamanho (grandes e pequenos) e por material (metal dourado e prateado, com ou sem pedra).
12. As pulseiras ficam em outra caixa — a minha é transparente, para que eu consiga visualizar todas elas.
13. Na minha sapateira, guardo os calçados da seguinte forma: o pé esquerdo atrás e o pé direito na frente. Assim, vejo todos ao mesmo tempo. Se você coloca um pé ao lado do outro, os pares que ficam atrás serão esquecidos e deixam de ser utilizados.
14. Eu guardo as bolsas penduradas em um cabideiro. As carteiras e bolsinhas de festa ficam guardadas em gavetas ou prateleiras no armário.

> Se você não tem espaço para todas as suas roupas, separe uma caixa que caiba no seu maleiro e guarde ali as roupas sazonais: deixe lá as roupas de frio durante o verão, e as roupas de calor durante o inverno.

O setor da bagunça

Todo guarda-roupa precisa ter sua válvula de escape. Tem dias que a gente troca de roupa mil vezes e sai atrasada, sem conseguir colocar tudo de volta no lugar. É para isso que serve o setor da bagunça. Ele pode ser um espaço vazio abaixo dos cabides, um gavetão vazio (se você tiver algum sobrando) ou um cesto de roupa. Toda vez que retirar as peças do lugar e não tiver tempo de guardá-las de volta, coloque tudo no setor da bagunça. Na primeira oportunidade que tiver, retorne as peças para seus setores.

Dessa forma, seu guarda-roupa continua organizado e você não cai naquele ciclo de bagunçar tudo, chegando ao caos em menos de um mês. Para ter um guarda-roupa organizado, o segredo é a manutenção, e o setor da bagunça é um excelente aliado.

O GUARDA-ROUPA ESSENCIAL

Um guarda-roupa versátil possui as *peças essenciais*. São itens que combinam facilmente entre si e com outras peças, estabelecendo uma base para sua composição e multiplicando suas possibilidades, sem ter de gastar muito comprando peças novas.

Mas quais são os itens essenciais? Esse é um assunto delicado. Nem todas as peças ditas essenciais são realmente essenciais para todas as pessoas. Elas dependem do estilo de vida, do formato de corpo, do estilo pessoal. Eu, por exemplo, não tenho nenhuma calça social, embora essa peça esteja presente em todas as listas de itens essenciais que você encontra na internet. Como eu não tenho estilo formal/clássico, não frequento ambientes que requeiram essa peça, e não me sinto bem com calça social, não tenho nenhuma, nem sinto falta de ter.

Os itens essenciais também possuem centenas de variações. O pretinho básico é um ótimo exemplo. Ele realmente é um curinga no guarda-roupa de quem gosta de vestidos. Porém, ele pode ser formal para as clássicas, pode ser em malha para as básicas, pode ser leve e fluido para as delicadas, pode ser estruturado e imponente para as modernas. Isso mostra que a lista de itens essenciais precisa ser vista de forma realista: o que é essencial depende mais do seu estilo do que de uma lista pronta.

De qualquer forma, é indiscutível que os itens essenciais são sim a chave do guarda-roupa. E ainda que essas peças variem de pessoa para pessoa, há algumas características que definem um item essencial:

- Ser em cor neutra.
- Ser liso (sem estampa).
- Ser de excelente qualidade.
- Servir para compor muitos looks.
- Funcionar em ocasiões diferentes.

A seguir há uma lista dos itens que eu, como consultora de imagem, julgo essenciais. O que você deve fazer com ela? Primeiro, avalie quais peças são realmente essenciais no seu guarda-roupa, e escreva Sim ou Não ao lado de cada uma. Depois, pense se quer substituir as peças da lista por uma variação. Como comentei, eu não tenho calça social, mas substitui esse item por uma calça em tecido de alfaiataria, cortada em uma modelagem mais casual. Você também pode fazer as alterações que achar necessário. Anote na segunda coluna qual será a substituição que você quer fazer.

		É essencial?	Vou substituir?
Parte de cima	Blusa fluida		
	Camisa fluida branca		
	Camisa jeans		
	Camiseta		
	Regata fluida neutra		
Parte de baixo	Calça de alfaiataria		
	Calça jeans escura		
	Calça preta		
	Legging		
	Saia reta		
	Short ou bermuda de alfaiataria		
	Short ou bermuda jeans		
Sobreposições	Blazer preto		
	Blazer branco		
	Cardigan neutro		
	Colete longo neutro		
	Jaqueta		
	Parka		
Peças inteiras	Macacão alfaiataria ou malha		
	Vestido estruturado		
	Vestido fluido		
Calçados e acessórios	Bolsa para o dia		
	Carteira para noite		
	Scarpin		
	Sandália de salto		
	Sapatilha bico fino		
	Tênis casual		
	Bota de cano curto		

O que falta

Após colocar todas as peças em seus setores, você consegue enxergar o que realmente está em falta e que pode ser um bom investimento para seu guarda-roupa. Aqui começa a sua lista de compras, o assunto do próximo capítulo.

Na arrumação do guarda-roupa, você terá percebido algumas peças básicas que estão faltando — os famosos itens essenciais. Talvez a sua regata preta manchou, ou a calça jeans furou: se não tiver conserto, você precisa repor. Esses são os primeiros itens que formarão sua lista de necessidades.

No dia a dia você irá perceber outras peças que faltam. É quando você vestiu um look e pensou "Se eu tivesse uma blusa rosa, ficaria perfeito!". Antes de colocar na lista, corra os olhos no guarda-roupa e veja se a tal da blusa rosa formaria outros looks possíveis com as peças que você já tem. Se conseguir elaborar pelo menos, 3 looks diferentes, então a blusa rosa vai para a sua lista.

Outros itens que vão entrar em sua lista são aqueles que fazem falta na sua rotina, por exemplo: blusas para trabalhar, vestido para sair, short para a academia etc.

Por último, você vai inserir nessa lista as peças que você nunca teve e tem vontade de experimentar, por exemplo, uma calça pantacourt, um macacão, um vestido assimétrico. Não quer dizer que você vai adquirir essas peças, mas que gostaria de ver como ficariam no seu corpo. Se você se sentir bem quando experimentar, então vale a pena se planejar para comprá-las.

Sugiro que você anote essa lista em seu celular e a mantenha atualizada, acrescentado itens conforme sente necessidade, ao se vestir no dia a dia. Deixo abaixo uma sugestão de tabela que você pode usar para anotar seus itens:

Peças essenciais que precisam ser substituídas	Peças de que sentiu falta ao se vestir	Peças específicas (trabalho, lazer, noite etc.)	Peças que quer experimentar

GUARDA-ROUPA CÁPSULA

A ideia base do guarda-roupa cápsula é ter o mínimo de peças e fazer o máximo de combinações. Essa ferramenta só funciona se você investir nas peças certas. A técnica do guarda-roupa cápsula é muito bacana para:

- Quem tem pouco espaço.
- Reiniciar o guarda-roupa.
- Elaborar malas de viagem.
- Criar looks de trabalho.

O guarda-roupa cápsula é formado somente com peças essenciais, permitindo o máximo de combinações:

Parte de baixo	Partes de cima	Sobreposição	Peças inteiras
Calça preta Jeans escuro Saia reta Short jeans	Blusa fluida Camisa Regata fluida	Blazer Cardigan Jaqueta Colete	Macacão fluido Vestido preto

Acessório	Calçado
Cinto Colar comprido Lenço Maxicolar	Bota Salto Sapatilha Sandália Tênis casual

Um benefício do guarda-roupa cápsula é que você pode começar a partir das peças curingas, e então, aos poucos, vai inserindo itens de moda para incrementar o seu closet.

Nesse conceito de guarda-roupa, cada peça tem que formar, pelo menos três looks. O ideal é que cada parte de baixo combine com três partes de cima. Como exemplo, vamos pensar em um guarda-roupa cápsula para o trabalho. Poderíamos considerar estas seis peças curingas:

Parte de baixo	Partes de cima	Sobreposição
Jeans escuro Calça preta Saia reta	Camisa Regata fluida	Blazer

A partir dessas peças, posso ter as seguintes combinações:

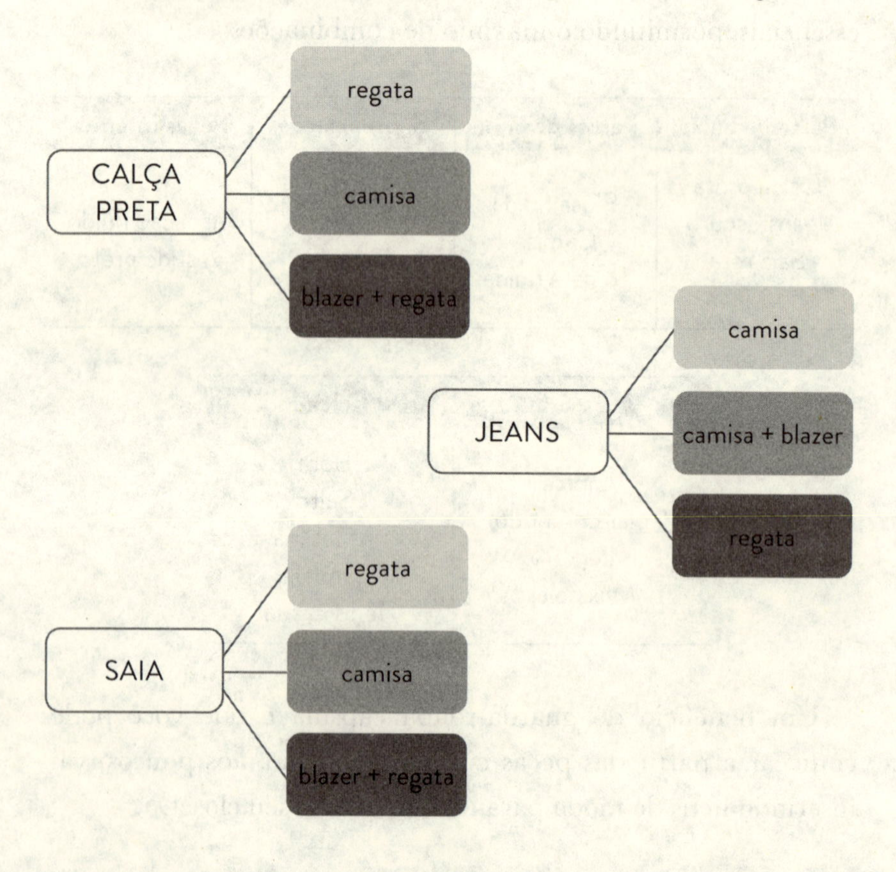

Malas de viagem

A técnica da cápsula é excelente para montar malas de viagem. Em vez de tentar levar seu guarda-roupa inteiro — o que não dá para fazer —, pense na regra de três looks para cada peça: 3 partes de cima para 1 parte de baixo.

Uma sugestão básica de mala seria:

	Viagem curta	Viagem longa
Parte de baixo	3 peças	4 peças
Parte de cima	9 peças	12 peças
Sobreposição	3 peças	4 peças
Peça inteira	2 peças	3 peças
Acessório	3 peças	5 peças
Calçado	2 peças	3 peças

Não pense em levar roupas para a viagem inteira, um look por dia. Planeje a mala a partir de peças básicas — e conte sempre com a possibilidade de mandar lavar suas roupas. Além disso, se você vai para um lugar em que pretende comprar roupas, poupe espaço na sua mala: não leve aquilo que você pensa em comprar.

Para concluir, um esquema básico que você pode utilizar para compor suas malas de viagem, considerando o princípio do guarda-roupa cápsula:

	Calor	Frio
Parte de baixo	2 shorts 1 saia	3 calças
Parte de cima	9 blusas/batas	9 blusas
Sobreposição	2 coletes 1 cardigan	1 blazer 1 cardigan 1 jaqueta 1 trench coat
Peça inteira	2 vestidos	1 vestido 1 macacão
Acessório	1 cinto 1 colar comprido 1 maxicolar	1 cinto 3 lenços
Calçado	1 sandália 1 sapatilha	1 bota 1 tênis casual

> Fotografe os looks de sua mala de viagem. Isso ajuda você a se lembrar, durante a viagem, das combinações que planejou em casa.

ATIVIDADES
para refletir

1. O que você tem feito no seu guarda-roupa que sabota a sua imagem?
2. Você tem o costume de usar roupas de que não gosta, mas usa porque estão no closet ou porque alguém deu? Isso pode estar ligado à crença de merecimento. Fale para si mesma que você merece se vestir da forma com que se sente bem, e se desfaça de todas as roupas que não a representam mais.

3. Faça uma lista de como você gostaria que seu guarda-roupas fosse. Pendure a lista na parte interna do armário para vê-la sempre que for se vestir. Faça um compromisso com você mesma de se planejar para montar aos poucos o guarda-roupa que melhor representar você em sua fase de vida atual.

4. Você tem "dó" de usar/gastar suas roupas? Isso também pode estar ligado a uma crença de não merecimento, ou ao medo de não ter no futuro, devido a experiências de faltas que possa ter vivido no passado. Se esse é seu caso, escreva um bilhete para si mesma e cole na parte interna do seu closet: "Você vale mais do que qualquer roupa, sapato, acessório, joia ou bolsa".

5. As roupas do seu guarda-roupa atual representam a mulher que você é hoje? Você tem muita roupa e não consegue se desfazer delas, mesmo não usando mais? Isso pode estar ligado ao apego ao passado, a uma época vivida ou à pessoa que você já foi. Faça uma lista com as funções que você exerce hoje (por exemplo: mãe, esposa, profissional, atleta etc.), e outra lista com seus objetivos de vida atuais. Compare suas listas com o passado que você tenta preservar a partir das suas roupas. Com isso, busque definir para si mesma uma imagem que a represente no momento. Na sequência, tenha coragem de se desfazer das peças que não estão mais de acordo com a sua imagem atual.

para praticar

1. Faça a limpeza no seu guarda-roupa, sem dó.

2. Doe as peças que não representam você, que não cabem, que estão velhas, ou que você não consegue mais usar.

3. Setorize seu guarda-roupa por tipo de peça para facilitar na hora de se vestir.

4. Faça o compromisso de, daqui para frente, ter no guarda--roupa apenas peças que realmente vai usar.

capítulo seis

COMPRAS

Para se vestir bem você precisa acertar a primeira etapa do processo: comprar corretamente. Se você abastecer seu guarda-roupa com as peças erradas, todo o trabalho de compor sua imagem estará comprometido, não importa o quanto tiver investido.

o dia d

Quando me tornei adolescente, minha mãe parou de acertar em todas as compras que fazia para mim.

Em 1993, ela foi a uma loja de roupas para eventos e escolheu para mim um look de Réveillon: uma saia longa e rodada de *laise*, com elástico na cintura e botões grandes de cima até embaixo. A saia fazia conjunto com uma blusa sem mangas, também de *laise* e com botões, arrematada na gola com um babado, tipo de roupa de palhaço. E era tudo branco.

Vesti e me senti a própria baiana do acarajé.

Eu não queria aquela roupa, mas como minha mãe tinha pagado caro, disse-me que não havia opção. Surtei. Implorei ao pão duro do meu pai para ir ao shopping comigo comprar outra roupa. Ele topou. Chegando lá, entrei na primeira loja, peguei um vestido super na moda e saí aliviada. Quando cheguei a casa, descobri que estava menstruada pela primeira vez, aos 13 anos. Até hoje me pergunto se foi o meu emocional abalado que me fez menstruar naquele dia.

Agora, imagine: branco, babado, *laise* e menstruada pela primeira vez? Não era para ser aquela roupa mesmo!

ADQUIRIR as peças certas é o primeiro passo para se vestir de forma prática. A peça errada atrapalha na elaboração dos looks, além de deixar aquele peso na consciência de dinheiro gasto à toa. Para comprar certo, primeiro você tem de conhecer seu guarda-roupa, entender sua necessidade de vestimenta, para então abastecer o armário com o que você usa e precisa. Parece óbvio, não é? Mesmo sendo óbvio, muitas mulheres possuem no guarda-roupa peças que não utilizam ou que vestiram uma única vez.

Ter muita roupa não é sinal de sempre ter o que vestir. Seu guarda-roupa não estará abastecido com itens da moda; com as peças que a amiga, a mãe, a irmã ou o vendedor indicaram; com trajes que serão usados apenas em eventos e viagens. Para que seu guarda-roupa atenda às suas necessidades, você precisa de:

- Peças que tenham seu estilo, que sejam sua cara.
- Peças adequadas aos locais que você frequenta e à sua rotina.
- Peças que vistam bem seu corpo: que não fiquem apertadas, nem curtas, nem largas, e que não distorçam suas proporções.
- Peças de qualidade, com bom corte, bom caimento, bom tecido, e que também não incomodem, não cocem, não repuxem, não amassem facilmente.
- Peças que sejam fáceis de combinar com as que você já tem, proporcionando incontáveis combinações.

- Peças que funcionem em ocasiões variadas, que não sejam datadas nem limitadas a um único ambiente (exceção para itens de festa, praia/inverno rigoroso ou locais específicos).
- Peças que sejam neutras, versáteis e práticas (os itens essenciais que comentamos no capítulo anterior).

Assim, na hora de comprar (sim, a *hora* de comprar existe! As compras não podem acontecer por impulso), a primeira coisa a fazer é analisar o que lhe falta, examinando o seu guarda-roupa (a tarefa do capítulo anterior).

COMPRAR É INVESTIR

As compras devem compor aquilo que chamamos de guarda-roupa ideal. Mas tenha em mente que você não vai construir seu guarda-roupa dos sonhos em uma única compra, nem em um mês, nem em dois, nem em três. É uma jornada. Requer conhecer o que já tem, fazer a limpeza do guarda-roupa, desacumular as peças que não usa, abrir espaço. Exige também se conhecer, estar atenta ao seu estilo (que está em constante evolução), reconhecer o que é essencial no momento, para então investir em peças atendam ao seu guarda-roupa.

Investir, aliás, é a palavra-chave. Comprar roupas deve ser considerado investimento, não um momento de prazer ou de estresse. É um investimento na sua imagem e na sua autoestima. E como todo investimento, requer organização e planejamento para acontecer. Enquanto a compra não for para você um investimento pessoal, você continuará comprando peças erradas, movida por qualquer impulso que não a necessidade de abastecer seu guarda-roupa com o que realmente precisa.

Há mulheres que fazem da compra um meio para satisfazer diferentes desejos, menos construir o guarda-roupa ideal: suprir carências emocionais (o que não funciona), ter um momento de lazer, extravasar ou simplesmente gastar com roupas. Além disso, os momentos escolhidos costumam ser os menos favoráveis para uma compra assertiva. Atualmente o que tem levado algumas clientes a comprar roupas é:

- *Viver uma ocasião*. Um exemplo disso são as compras para viagens. A mulher abastece a mala para as férias com peças novas, mas nenhuma delas supre a necessidade do dia a dia. Na próxima viagem, ela provavelmente não vai usar de novo nenhuma daquelas peças, então compra outra mala de roupas, que serão usadas, novamente, apenas em uma viagem. Resultado: mais peças sem utilidade dentro do guarda-roupa.
- *Insistência de outros*. A pessoa adquire peças porque o vendedor indicou, porque a amiga tem, porque a mãe disse que ficou linda, porque "está todo mundo usando". Não avalia, porém, se as peças terão qualquer função no seu dia a dia.
- *Preço "bom"*. Roupas baratas atraem pelo preço e pela possibilidade de acumular mais e mais. Com isso, a mulher rapidamente enche o guarda-roupa, mas apenas com peças de má qualidade. Muitas dessas peças nem sequer são usadas, ou são usadas apenas uma vez.
- *Eventos*. O fim de ano que o diga! Quantas peças brancas existem dentro do guarda-roupa das mulheres? Roupas que brilharam em um Ano-Novo e nunca mais foram utilizadas. Roupas de eventos geralmente não funcionam no dia a dia: servem só para o evento. E como no próximo

ninguém quer repetir o look, a mulher gasta novamente em outra roupa... de evento.

> Se você é consumista, evite fazer compras em lojas que estão em promoção. Você vai comprar muita coisa de que não precisa só porque está barato. Não importa se custa "só" 10 reais: se você não vai usar, são 10 reais que foram para o lixo.

Vestir para impressionar

Desde cedo aprendemos a gastar o valor de cinco peças curingas em um traje que, de acordo com nossa expectativa, vai impressionar todo mundo em um evento, mas que depois provavelmente se tornará "item de museu" no guarda-roupa. Não usamos de novo porque é glamouroso demais, e não doamos porque custou caro demais. Assim, vamos construindo um guarda-roupa repleto de peças inúteis, que só servem para ocupar espaço.

Na época dos meus 15 anos, quando as garotas faziam as festas de debutante, fui convidada para a festa de uma das meninas mais populares da escola. Seria um megaevento. Era *a* ocasião para se gabar de ter sido convidada.

As minhas amigas (as que tinham sido convidadas, claro) estavam eufóricas, exigindo que a mãe comprasse uma roupa nova para o tal aniversário e marcando hora no salão para se arrumarem. Toda essa euforia me incomodou demais. Eu não comprei roupa nova e fiz só uma escova no cabelo.

A hora de se arrumar se aproximava, e eu me sentia cada vez mais contrariada. Provei várias roupas, cheguei a gostar de um look específico, mas, no fim, desisti da festa e fiquei em casa. Minhas amigas acharam um absurdo; eu perdi a oportunidade de estar com a nata da sociedade *teen*. Mas eu não queria me arrumar para impressionar os outros. Acho que toda a pressão me desmotivou — não só a de me produzir, mas a de estar no tal evento. Não fazia meu estilo.

Quando não buscamos mais impressionar as pessoas e decidimos impressionar a nós mesmas, nos ajustamos à imagem que desejamos transmitir, aquela que revela quem somos de verdade. Então, em vez de gastar uma pequena fortuna numa única peça impressionante, por que não investir em peças que serão realmente usadas, que irão abastecer o guarda-roupa e que poderão ser combinadas de formas variadas e em ocasiões diversas?

Ah, o look que eu havia pensado em usar na megafesta da debutante popular, usei na minha própria festa de 15 anos, dois meses depois. Sem glamour, sem pompa, mas cheia de estilo.

Atualizando o guarda-roupa

Você não precisa comprar um guarda-roupa novo a cada estação. Você precisa conhecer o guarda-roupa base e os itens de moda. O guarda-roupa base é composto de itens básicos, essenciais, aqueles de que falamos no capítulo anterior. Já os itens de moda são aqueles que são tendência, portanto, são passageiros. Nem preciso dizer qual deve ter mais qualidade e durar mais, né?

As **peças básicas**, que compõem o guarda-roupa base, idealmente devem ser atualizadas a cada 2 ou 3 anos. Por isso, quando for comprar algum item essencial, é importante que ele tenha muita qualidade para durar todo esse tempo. Se tiver de escolher onde investir mais em seu guarda-roupa, aconselho que faça isso nos itens básicos (confira a lista no capítulo 5, na seção "Itens essenciais").

A cada seis meses, você pode adquirir os **itens de moda,** ou seja, modinhas passageiras, tendências, para atualizar seu guarda-roupa. Esses itens não precisam ter a durabilidade do guarda-roupa base, porque serão frequentemente trocados. Para que, a cada 6 meses, você não precise sair comprando toda coleção que está na moda, mas que logo não estará mais, considere comprar essa lista a cada nova coleção (na coleção de primavera/verão ou na coleção de outono/inverno):

- 2 a 3 acessórios.
- 2 a 3 sobreposições.
- 3 a 5 blusas ou camisas.
- 2 a 3 partes de baixo.
- 2 a 3 vestidos.
- 2 a 3 calçados.

Você pode se planejar e comprar tudo em um dia, ou ir comprando aos poucos, conforme encontrar peças de que realmente goste, para combinar com os itens base.

O EVENTO "COMPRAS"

Em vez de comprar para um evento, pense no dia de compras como *o evento*. Um momento em que você vai planejar, separar o tempo necessário para não ir com pressa e ter um alvo específico a ser avaliado depois. Enquanto você encarar a compra como algo emocional (comprar porque está se sentido triste, por exemplo) ou escolher momentos emocionais para ir às lojas (como a TPM), nunca fará compras assertivas. Assim, o primeiro passo é saber quando *não* comprar:

- Por pura vontade de gastar, sem necessidade, sem saber do que precisa. Gastar não fará com que você sinta melhor, mais feliz ou mais satisfeita.
- Quando estiver com TPM. Você provavelmente não vai gostar de nada que encontrar, as peças não vão cair bem no seu corpo, e a experiência será apenas uma perda de tempo e de dinheiro.
- Quando o salário bater na conta e você acreditar que merece um mimo pelo mês de trabalho.
- Quando estiver triste e acreditar que um agradinho para si mesma a fará feliz.
- Quando se sentir mal com sua imagem, acreditando que uma roupa nova irá levantar sua autoestima.
- Quando surgir um evento de última hora. De última hora é quase impossível encontrar algo que valorize seu corpo, pois sua mente está sob o estresse da urgência. Provavelmente você vai comprar o que encontrar, e não o que precisa ou o que realmente lhe cai bem.
- Com amigas, parentes ou pessoas que a influenciam. Você acabará comprando roupas que agradam a outra pessoa, não a você. Não pense que alguém que tem um estilo que você admira será uma ótima companhia para as compras. A menos que seja uma profissional da área, ela não entende o seu estilo. Ela sabe vestir apenas a si mesma, dentro das referências dela.
- Quando o vendedor ou qualquer pessoa tentar convencê-la de que a roupa é perfeita, enquanto você não sabe onde

nem quando vai usar aquilo, ou não se sentiu autêntica dentro da roupa.

- Quando você não tiver dinheiro para investir nisso. Organize-se primeiro e compre depois. Não faça dívidas nos cartões de crédito. Se fizer isso, na hora que aparecer uma boa oportunidade de compra, pode ser que você não tenha recursos para investir.

Nas próximas páginas irei apresentar sete passos que a ajudarão a fazer seu dia de compras mais agradável, produtivo, econômico e bom para sua autoestima.

PASSO 1: ELABORE SUA LISTA DE COMPRAS

Primeiro, você precisa criar sua lista de compras. E ela já está pronta! É a lista que você fez depois de revisar seu guarda-roupa, elaborada com base no que está faltando e no que você realmente vai usar. É uma lista personalizada, melhor do que qualquer uma que existe por aí na internet.

Gosto de comparar a lista de roupas à lista do supermercado. O que acontece quando vamos ao supermercado sem uma lista ou (pior ainda) com fome? Compramos itens que já temos na despensa, deixamos de comprar o que precisamos e, por conta da fome, compramos várias coisas desnecessárias que gostaríamos de beliscar naquele momento.

O mesmo acontece quando compramos roupa sem uma lista. Levamos o que já temos e deixamos o que realmente fazia falta. E se saímos com "fome" de comprar — causada por tédio, por conta de uma TPM, por falta de aceitação ou porque acabamos de receber o salário —, gastamos dinheiro com itens que nada têm a ver conosco, mas que estão na vitrine e parecem ser exatamente o que precisamos naquele momento.

Assim, ter uma lista de compras é fundamental, mas ela precisa ser feita em frente ao guarda-roupa.

Se você tem sua lista pronta, verifique se falta alguma coisa:

- Peças essenciais que precisam ser substituídas.
- Peças de que você precisa para momentos específicos do seu dia: calças para o trabalho, short para o fim de semana etc.
- Itens que faltaram enquanto você se arrumava (uma sobreposição leve; uma blusa de determinada cor; um cinto com tal textura etc.).
- Peças que você nunca teve e que deseja obter, mas que gostaria de provar antes para ver se realmente vão cair bem no seu corpo. Na sua lista, marque tais peças como "Experimentar", pois ainda não são itens para se comprar.

> Os primeiros itens da lista de compra sempre serão as peças básicas. Antes de investir em itens da moda, seu guarda-roupa essencial tem de estar em dia.

PASSO 2: ESCOLHA O DIA

Feita a lista, escolha quando fará as compras. Consulte seu calendário: que não seja em uma época de estresse, nem de TPM, nem no dia em que receber o salário. O ideal é fazer as compras em um dia de semana e pela manhã (preferencialmente de segunda a quarta-feira), quando as lojas geralmente estão vazias. Os vendedores podem ajudá-la a encontrar o que você precisa, o ambiente é mais agradável, você não enfrenta fila em provador nem compete com outras clientes nas araras da loja.

Quando você reserva seu dia de compras, a ação de comprar deixa de ser prazer ou lazer e se torna um ato de cuidado pessoal. É um momento importante para sua autoestima, tanto ali na hora, escolhendo as roupas, como posteriormente, quando vestir aquilo que lhe agrada e reflete sua essência.

Outra coisa superimportante: vá sozinha fazer suas compras! Isso mesmo. Se você não consegue fazer isso, vale a pena pensar em que nível está sua autoconfiança, que tanto depende da opinião dos outros. Precisar de plateia pode refletir falta de autoconhecimento e pouca consciência da imagem que você quer transmitir. Quando éramos crianças, nossas mães nos vestiam; agora que crescemos, sabemos quem somos e temos maturidade suficiente para definir nosso visual e escolher nossas roupas. Entenda, quem deve saber o que a veste bem é você mesma, mais ninguém. Da mesma maneira que você não sabe o que veste bem sua mãe, sua amiga, elas também não têm a obrigação de saber o que vai bem em você — e nem de saber onde você irá usar aquilo, ou se combina com o que tem no seu guarda-roupa. Então nada de se escorar na opinião de outras pessoas.

PASSO 3: DEFINA O ORÇAMENTO

O próximo passo é definir seu orçamento. Quanto você pretende — e pode — investir para adquirir essas peças? Defina esse orçamento de forma clara, com o valor exato que você tem para gastar.

Não saia de casa sem ter um limite preciso e bem ponderado. Ele é fundamental para lhe dar consciência do quanto pode investir. Com ele, você percebe que o dinheiro acaba, e que cada compra precisa ser analisada antes de passar o cartão de crédito. Assim, no dia de compras, você vai pesquisar lojas, garimpar, pedir desconto, fazer o for preciso porque seu dinheiro precisa render. Com orçamento você tem menos chances de cair na conversa do vendedor ou de se encantar por peças que não estão na lista. Limites nos dão foco.

> Você provavelmente não conseguirá encontrar ou adquirir todos os itens de sua lista no mesmo dia. Não se preocupe nem tenha pressa. O guarda-roupa se constrói aos poucos. Antes de sair de casa, assinale os itens que são mais necessários. Os demais, que você não encontrar ou não puder comprar, deixe para o próximo dia de compras planejadas.

PASSO 4: CONHEÇA AS LOJAS

Para uma boa compra, você precisa conhecer onde estão as peças que procura. Saber comprar também envolve conhecer quem vende as roupas que a atendem: qual marca de jeans a veste melhor, qual loja possui o blazer com o caimento e o corte que a favorece.

Para isso, quando tiver tempo, passeie pelas lojas, prove sem compromisso, experimente peças que chamam sua atenção, analise o corte, o tecido, o caimento dos produtos, avalie o atendimento dos vendedores. Todo esse conhecimento prévio é importante para que, no dia de compras, você saiba exatamente onde encontrar as peças de que precisa e pelo preço que você pode pagar.

> Mantenha a mente aberta. Muitas vezes, as mulheres não encontram o que querem porque já têm uma ideia fixa de qual loja querem visitar, ou de qual seção

terá o que elas querem. Fazer compras é pesquisar e "bater perna". Mantenha o olhar mais aberto, sem preconceitos. Às vezes, o suéter soltinho que você quer vai estar numa seção masculina de uma loja de departamento.

Comprando na internet

- Compre em lojas que você já comprou fisicamente e, portanto, já conhece a qualidade do material, o corte, seu manequim.
- Analise a composição do tecido, evitando roupas 100% poliéster e dando preferência a itens feitos com fibras naturais.
- Se tem dúvida se a peça vai caber ou não, compre um número maior. Se ficar um pouquinho folgado, dá para ajustar (lembre-se de que, na maioria das lojas, você pode fazer a devolução da peça sem custo).
- Evite comprar pela internet peças que precisam ter um caimento exato, como peças de alfaiataria, por exemplo. É melhor comprar roupas mais soltinhas ou que precisam ficar mais justas ao corpo, como *leggings*.
- Verifique a tabela de medidas da loja.

PASSO 5: SIGA SUA LISTA

No dia de compras, não se separe da sua lista! Consulte-a sempre, tanto para saber o que falta como para não ceder à tentação de comprar algo que não tenha sido programado.

A cada compra, anote o custo ao lado do item, para você saber quanto gastou e quanto ainda tem disponível para as próximas peças. Abaixo, deixo uma sugestão de tabela que você pode usar no dia de compras.

Data: / / **Orçamento:** R$

LOJA	ITEM	VALOR GASTO

> Cuidado! Nosso cérebro tem um certo *delay*. É muito comum a mulher continuar procurando aquilo que ela já comprou. Então, nunca saia sem sua lista, para não correr o risco de voltar para casa com uma segunda calça preta igual à que você já tinha comprado.

PASSO 6: ANALISE AS ROUPAS

Vista as roupas! Muitas mulheres não provam as peças. Entenda, você não paga para provar! Se não fizer isso na loja, pagará o valor da roupa para prová-la em casa, sem saber se ela vai funcionar ou não. Por isso, não me canso de repetir: PROVE AS ROUPAS!

> A roupa que você vai utilizar bastante é aquela que você veste e pensa: "Essa roupa sou eu. Se eu não levar, vou ficar uma semana pensando nela e me arrependendo por não ter comprado". Não leve a roupa que ficou quase legal porque, lembre-se: na loja tudo é legal e atrativo.

Depois, analise a roupa. Sugiro seis critérios para avaliar: estilo, utilidade, combinação, caimento, conforto e qualidade.

- *Estilo*: a peça deve ter a sua cara, você precisa se enxergar usando-a na sua rotina.
- *Caimento*: a peça deve vestir perfeitamente em seu corpo. Se ela precisa de ajustes, verifique se a loja fornece esse serviço (muitas fazem isso como cortesia); se não, providencie para que seja feito o mais rápido possível. Mas tome cuidado: peças que precisam de muitos ajustes podem dar errado. Mexer demais na peça pode transformá-la em um "Frankenstein". Compre a peça somente se o ajuste for simples e possível.
- *Utilidade*: a peça precisa ter um destino certo na sua vida. Antes de comprar, você já deve saber exatamente onde e como irá usá-la. Não compre nada para *talvez*, usar um dia.
- *Combinação*: a peça deve compor looks com outras que você já possui no guarda-roupa.
- *Conforto*: a peça tem de ser gostosa de usar, aquela que você sairia da loja com ela no corpo. Assim, veja se o tecido incomoda, se a roupa precisa ser ajeitada toda hora, se aperta, se sobra tecido, se alguma parte incomoda. Aproveite para se sentar, se levantar e caminhar com a peça na loja para ver como se sente. A roupa deve estar perfeita!

- *Qualidade*: a peça deve ter excelente qualidade. Isso não quer dizer necessariamente que deva ser cara, mas que é durável. Então, analise:

Acabamento e caimento	Tecido
• Costura sem repuxar • Barra reta • Costura alinhada no seu corpo • Cava no lugar • Acinturada • Sem apertar o busto	• Visual: precisa parecer caro • Não amassar facilmente • Não ser 100% poliéster • Ter algodão, seda ou poliamida na composição • Ter fibras naturais

> Para conferir a qualidade do tecido, faça dois testes:
>
> - **Amasse:** pegue um cantinho da peça e aperte bem forte na mão. Depois solte e veja como ele ficou. Se ficar cheio de vincos, é aquela roupa que vai amassar assim que você se sentar.
> - **Esfregue:** esfregue o tecido como se estivesse lavando roupa e depois olhe bem de perto. Se as fibras estiverem no lugar, ele vai durar muitas lavagens sem ficar torto nem cheio de bolinha. Se ficar meio deformado, a roupa vai ficar com aparência de velha na primeira lavagem.

Mas não pare aí. O erro de muitas mulheres é analisar somente o aspecto físico da roupa, sem fazer a análise crucial que mostra se uma roupa realmente veste bem: avaliar o conforto psicológico.

Conforto psicológico significa que, ao vestir a roupa, você se sente você mesma, e não com a roupa de outra pessoa, algo que não a define. Você sente conforto psicológico quando coloca uma peça que faz você se sentir única, especial. A roupa que você não quer tirar nunca mais.

Existem várias formas de não ter conforto psicológico ao se vestir. Uma delas é escolher a roupa em resposta a um bloqueio emocional, sem compreender o que a fez tomar essa escolha. Outra forma de se vestir sem conforto psicológico é deixar de lado sua essência e se guiar pensando no que outros dirão, seja por medo de não ser aceita, seja como resposta a alguém ou ao seu passado.

Uma pessoa que se veste sem pensar no conforto psicológico, priorizando apenas o conforto físico, pode cair na armadilha de comprar uma roupa que ficou perfeita no corpo, mas que, ao vesti-la, traz um incômodo enorme. A pessoa se sente introspectiva, fechada, com a postura recolhida. É a velha história de ir a uma festa com um vestido lindo, mas que não a representa, e então não se levanta da mesa, não curte o evento e se sente deslocada e estranha. Todas as pessoas afirmam que você está maravilhosa, mas lá no fundo, você sabe que aquela não é você. Seu coração tenta convencê-la de que você é inadequada, quando, na verdade, você apenas fez uma escolha errada.

PASSO 7: FOTOGRAFE O LOOK

Por fim, fotografe-se com o look no espelho do provador. Tirar uma foto lhe dá uma noção mais real de como a roupa ficou no seu corpo, e ajuda você a se ver por completo, da cabeça aos pés, ao invés de focar somente nas partes do corpo que geralmente a preocupam. Eu aprendi na prática a importância de se ver nas fotos. Tinha uma calça jeans que eu amava, e usava demais. Um dia, alguém me fotografou com a calça, e quando eu vi a foto, levei um susto. Ela ficava horrível no meu corpo. Deixava meu quadril muito maior, e parecia desajeitada, por conta da lavagem e do corte do cós. Tirei aquela peça do meu guarda-roupa imediatamente. Então, em vez de esperar que alguém a fotografe com uma roupa que você já comprou, faça isso na loja.

COMO AVALIAR O INVESTIMENTO?

Você está no caixa com a roupa na mão. Seguiu todos os passos acima, e surgiu a dúvida: como saber se essa peça é um bom investimento? Essa pergunta sempre cabe, pois gastar dinheiro de forma errada traz vários prejuízos tanto ao guarda-roupa como à vida pessoal e financeira.

Para não ter dúvida de que fez uma boa escolha, compartilho duas ferramentas que você pode usar para chegar a uma conclusão: a *Regra 1 x 3* e a fórmula *CCC.*

Regra 1 x 3

Essa primeira ferramenta a ajudará a avaliar o custo x benefício da peça que você deseja adquirir. A roupa precisa ser aprovada nestas três questões:

1. Essa peça compõe, pelo menos, 3 looks diferentes? (Exemplo: uma blusa que pode ser usada com calça, com saia, com short.)
2. Essa peça pode ser usada em, pelo menos, 3 ocasiões diferentes? (Exemplo: trabalho, lazer e noite.)

3. Eu me vejo usando essa peça daqui a 3 anos ou ela estará fora de moda?

Pense, por exemplo, que você gostou de uma blusa. Você deve analisar se ela:

Combina com	Dá para usar	Vai estar na moda
• Calça • Saia • Short	• No trabalho • De noite • Para passear	• Nesta estação (por exemplo, verão)* • Na próxima estação (inverno) • Na outra estação (novamente, verão)

*Lembrando que outono e primavera são considerados meias-estações.

> Não se engane pelo canto da sereia! Na loja tudo vai ser ótimo: a luz é perfeita, o espelho emagrece, o ar-condicionado está na temperatura perfeita, o vendedor é muito bacana, e ainda tem cappuccino. Na hora de decidir por levar uma peça ou não, seja realista e analise friamente, sem se deixar iludir por esses atrativos que, claro, querem incentivá-la a comprar.

CCC – Cálculo da Consumidora Controlada

Essa segunda ferramenta é útil para momentos em que você estiver em dúvida entre dois itens. Ela a ajudará a analisar cada alternativa em termos financeiros, e não em relação ao modelo ou à tendência (que é o que geralmente leva as mulheres a fazerem péssimos investimentos em roupa).

Ela consiste na seguinte fórmula:

preço da peça ÷ vezes de uso = custo por vez

Ou seja, divida o preço da peça pelo número de vezes que você acredita que irá vesti-la. O resultado é quanto custará cada uso da roupa, como se você estivesse pagando um aluguel por ela. Quanto mais baixo o resultado, melhor é o investimento.

Por exemplo, considere um jeans de R$ 300,00:

R$ 300,00 ÷ 300 vezes de uso = R$ 1,00 por vez

Agora imagine que, no mesmo dia, você descobre que aquele vestido que tanto queria entrou em promoção: caiu de R$ 1.000,00 para R$ 300,00. O que fazer? Comprar a calça ou o vestido? Para decidir, aplique a fórmula ao vestido:

R$ 300,00 ÷ 10 vezes de uso = R$ 30,00 por vez

Em longo prazo, a calça (R$ 1,00/uso) sai mais em conta que o vestido (R$ 30,00/uso), apesar de os dois custarem a mesma coisa e o desconto do vestido ser maior. Como a calça será usada muito mais, seu custo por uso é menor. No entanto, o que vejo acontecer é o contrário: algumas mulheres comprariam o vestido porque pensam apenas no desconto, e não no custo dele no guarda-roupa.

Não estou dizendo para não comprar o vestido. Se ele está na sua lista, com um orçamento separado, e entrou em promoção, aproveite! É uma excelente oportunidade. Mas quando o orçamento é limitado e você tem duas opções diante de si, analise para fazer o melhor investimento possível.

Agora, considere este outro exemplo. Você quer uma bolsa, e encontra duas opções: uma preta de couro legítimo, que custa R$ 1.000,00, e outra vermelha de corino, que custa R$ 500,00. Qual item é o melhor investimento? Vamos às contas:

Bolsa de couro: R$ 1.000,00 ÷ 1000 vezes de uso = R$ 1,00 por vez

Bolsa de corino: R$ 500,00 ÷ 100 vezes de uso = R$ 5,00 por vez

Algumas vezes o item mais barato se torna o pior investimento por causa da sua baixa durabilidade. Nesse caso, uma bolsa de couro preta, um curinga, será um investimento muito melhor que uma bolsa de couro artificial vermelha, que será mais difícil de combinar e que durará menos.

Quando fazemos essas contas, não estamos considerando apenas o nosso bolso. A indústria da moda, como todas as outras, também agride o meio ambiente. Quando optamos por itens descartáveis — coisas baratas que, quando estragam, jogamos fora e compramos outra —, estamos poluindo com lixo e demandando que as indústrias produzam mais e mais. Precisamos ser consumidoras conscientes, procurando formas mais sustentáveis e responsáveis de nos vestir, produzindo menos lixo e poluindo menos. Ou seja, consumo consciente é bom para o nosso bolso e para o planeta.

ATIVIDADES
para refletir

1. Com que frequência você compra roupas, sapatos e acessórios para você?

2. Você costuma sair para comprar roupas quando está triste, chateada, decepcionada ou com raiva? O quanto você acredita que suas compras são feitas por necessidade real ou por uma fome de sua alma?

3. Você já foi humilhada em algum momento por causa da roupa ou do sapato que usava? Na infância ou adolescência, você teve vontade de ter certas roupas, mas não tinha condições de comprar? Quando faz compras hoje, você tenta compensar alguma experiência de escassez ou vergonha que vivenciou no passado?

4. Você acha que para se vestir bem é preciso gastar muito dinheiro? Você já considerou que pode investir aos poucos e ajustar seu closet à sua identidade visual?

5. Você sente que compra coisas que não pode só para impressionar as pessoas?

para praticar

1. Elabore sua lista de compras.

2. Assuma consigo mesma o compromisso de só fazer compras quando você estiver bem, com o objetivo certo, com um orçamento definido e com uma lista na mão. Sugiro que faça isso por escrito, assine e deixe bem perto da sua carteira.

3. Se você nunca compra nada porque pensa que roupa é artigo de luxo e está sempre esperando sobrar dinheiro para investir em peças, separe um valor acessível e compre uma ou duas peças por mês.

capítulo sete

LOOKS

Quando aprende a montar looks, você se veste para qualquer ocasião, independente do seu humor. Você sabe o que vestir, quer esteja feliz, quer esteja triste. Sua roupa se torna uma ferramenta para levantar seu ânimo nos dias mais escuros e uma diversão que a acompanha nos dias ensolarados.

superação

Era 3 de agosto, e eu faria mais um exame pré--natal. Acordei com a sensação de que o dia não seria muito feliz; por isso, me arrumei para a luta: um vestido animal print, colete de pelos e ankle boot. No exame, minhas suspeitas se confirmaram: minha filha tinha má formação no crânio. Naquele momento, nada poderia ser feito; quando ela nascesse, seria submetida a uma cirurgia.

Meu mundo desmoronou, mas continuei no meu estilo de vida. Eu me vestia diariamente como se aquele fosse o melhor momento para mim e para a filha que crescia em mim.

Um dia depois do exame, uma pessoa muito especial fez um comentário: "Eu achei que veria você, pela primeira vez mal-arrumada e sem maquiagem.. Mas aí está você, forte, confiante e segura. Até passou batom vermelho!".

O comentário me mostrou que minha fé não era abstrata. Minha imagem refletia aquilo em que eu cria. Assim, até o fim da gestação, cultivei uma imagem que transmitia o que eu desejava viver.

Hoje, mostro para o mundo o milagre que recebi: uma filha linda, sem sequelas e cheia de estilo.

TODO mundo quer se vestir bem e se sentir confortável nas próprias roupas. No entanto, ao longo de minha carreira tenho visto que a maioria das pessoas não sabe como explorar o melhor de sua imagem por meio de seus looks. Muitas clientes tinham peças bacanas no guarda-roupa, mas suas composições eram sem graça e sem criatividade.

Saber se vestir não é questão de ter inúmeras opções no armário, nem de possuir criatividade e estilo. É uma questão de hábito. Infelizmente, a maioria das mulheres não foi ensinada a cultivar esse hábito. Aprendemos a nos pentear, a escovar os dentes, a cuidar da casa e dos negócios, mas por algum motivo, não aprendemos a nos vestir. Muitas clientes me confirmaram isso. Ao montar seus looks ou sair às compras com elas, percebi que não faziam ideia de como vestir a roupa. Algumas vestiram as peças de trás para frente. Outras não sabiam amarrar faixas, dobrar as mangas, arrumar a blusa por dentro ou por fora da calça... Simplesmente jogavam a peça por cima do corpo, sem entender como foi feita para ser vestida.

Como todos os hábitos, vestir-se requer prática e insistência para se tornar algo natural. Hoje não demoro mais que cinco minutos para escolher e vestir uma roupa. É quase tão automático quanto colocar a pasta na escova e escovar os dentes. E assim como cuido dos dentes quer eu esteja tendo um dia bom ou ruim, quer me sinta criativa ou não, vestir-me bem também não depende do meu humor. É algo que simplesmente faço.

O PODER DE UM LOOK

Quem cuida de sua imagem diariamente se sente melhor, mais disposta e feliz e, consequentemente, o dia dela rende mais. Da mesma forma, quem não se cuida se sente insatisfeita com sua imagem e, portanto, indisposta para as atividades do dia.

Ter o hábito e o prazer de se cuidar é essencial para desenvolver autoconfiança. Pois, além de um look bem construído transmitir uma boa imagem sua aos outros, ele também ajuda você a enfrentar os dias menos fáceis.

Voltando para a minha história durante a gravidez. Não acho que valeria a pena ter passado o restante da minha gestação de luto, esperando o pior e me vestindo para isso. Com certeza, se tivesse me vestido assim, as pessoas teriam ainda mais pena de mim e pensariam que o fim seria desastroso. Da mesma forma, eu alimentaria meu corpo e minha mente com a ideia de que minha filha não seria curada e de que ela teria todos os problemas possíveis.

Não importa se hoje você irá ganhar ou perder. Nem há como saber o que irá acontecer hoje. O que temos de certeza é que este dia foi feito pelo Senhor para nos alegrarmos nele — e vestir-se bem é uma maneira de celebrar a vida.

> Quem está entre os vivos tem esperança; até um cachorro vivo é melhor do que um leão morto!
>
> Portanto, vá, coma com prazer a sua comida e beba o seu vinho de coração alegre, pois Deus já se agradou do que você faz. *Esteja sempre vestido com roupas de festa*, e unja sempre a sua cabeça com óleo (Eclesiastes 9:4,7,8, grifo meu).

Sua imagem pode ser um forte estímulo para contornar os aborrecimentos diários. Pense, por exemplo, em uma mulher que acorda de TPM. Ela se olha no espelho e se sente um lixo: inchada, dolorida, o rosto cheio de espinhas. Sem o hábito de se vestir bem, ela põe qualquer coisa porque não tem ânimo nem disposição para escolher o look ideal para o trabalho.

Quando chega ao escritório, a primeira pessoa que a vê responde à sua imagem com a pergunta: "Você está bem?". Com isso, ela se convence de que está vivendo um dia péssimo.

Mas o pior ainda está por vir. Chegando à sua mesa de trabalho, se depara com a colega arrasando em um vestido muito bem cortado, que valoriza o corpo dela, toda maquiada e com os cabelos lindos e esvoaçantes. Na sua mente, a mulher de TPM diz a si mesma que a colega é vulgar e sem noção, mas isso é apenas uma justificativa para a beleza extravagante da amiga sambando na sua cara mal lavada e sem maquiagem.

Ao longo do dia, a mulher vai ao banheiro algumas vezes, e quando se depara com sua imagem no espelho, pensa: "Estou um lixo!". Ela volta para casa à noite sentindo-se a pessoa mais sem atrativos do mundo. Olha no espelho e se pergunta: "O que tem de errado comigo?".

Ora, há apenas uma coisa de errado com essa mulher: a atitude negativa de crer que sua imagem é tão ruim quanto sua TPM e de mostrar isso para o mundo. Se ela tivesse se vestido de forma totalmente contrária, tudo teria sido diferente. Se caprichasse no visual, com o dobro do esforço que aplica nos dias tranquilos, a cada olhada no espelho ela se convenceria de que é uma mulher forte, cheia de vida, competente, responsável e muito feminina. O comentário que ouviria ao chegar no trabalho seria: "Uau, você está linda!", o que reforçaria em sua mente a certeza de que a TPM não é capaz de fazê-la se sentir a mulher mais terrível do mundo. A colega bem-vestida não seria uma afronta, e ela voltaria para casa com sentimento de vitória.

Enquanto se vestir bem não for um hábito, qualquer estímulo irá desanimá-la — TPM, inchaço, roupa que precisa ser passada etc. Mas quando isso se tornar um costume diário, escolher um look bacana será natural e automático como escovar os dentes, sem ser passional em relação ao seu corpo ou às suas roupas. Seu único foco é valorizar sua imagem — e com as ferramentas certas, isso fica mais simples do que você imagina.

A roupa de casa

A pandemia foi a grande caixa de pandora para a autoestima de muitos. Tendo de ficar apenas em casa, muita gente parou de se cuidar. Eu cheguei a acreditar que meu trabalho teria terminado, pois ninguém mais queria saber de se vestir bem. Mas recebi muitas perguntas sobre como se vestir em casa, e percebi que as pessoas não sabiam se vestir para si mesmas, só para os outros.

A roupa de casa não precisa ser glamurosa nem exuberante, a não ser que você goste de ficar assim. A escolha e o estilo são somente seus. Mas é importante se vestir de forma adequada para uma videochamada, para receber uma visita inesperada, para atender alguém no portão ou para ir rapidamente à padaria ou à farmácia.

O look de casa é confortável e pode ser simples, mas, como todo o resto, deve ser construído com peças boas e bem escolhidas. Nada de cultivar o péssimo hábito de vestir o que está na gaveta de roupa velha — ou melhor, a gaveta destruidora de autoestima —, onde se encontra todo tipo de trapo furado, manchado, rasgado, com bolinhas e tudo mais.

Não faça isso com você. Vista-se bem em casa e fora de casa. Vista-se para você.

MONTANDO OS LOOKS

Existem ferramentas de stylist que facilitam a montagem de looks. A partir delas, você consegue criar combinações cheias de estilo e criatividade com as peças que tem em seu guarda-roupa. São pequenos truques que valorizam e levantam seu look, tornando suas combinações mais interessantes.

No entanto, conhecer as ferramentas não significa se vestir bem. É preciso aplicá-las e praticá-las de novo e de novo até que se tornem tão usuais a ponto de você nem pensar nelas quando for se vestir.

A estrutura do look

Todo look é composto da mesma maneira. Não importa a idade, o estilo ou o formato de corpo: a estrutura é igual para todo mundo. O que varia de pessoa para pessoa é o tipo, a cor, a textura, a estampa e a modelagem de cada elemento do look.

A estrutura básica de um look é formada por:

parte de cima + parte de baixo + calçado + sobreposição + acessório

A maioria das mulheres, ao elaborar um look, pensa só até o terceiro elemento, ou seja, **parte de cima + parte de baixo + calçado**. Esse é o look do qual você tanto quer fugir — jeans + blusinha + sapatilha. Se colocasse um colar bacana e uma sobreposição, o look seria outro, muito mais elaborado.

A sobreposição ou o acessório são opcionais, mas usar um dos dois é essencial para que o look fique mais elaborado. Quando você utiliza **sobreposição + acessório**, o visual fica completo. São aqueles looks bem estilosos que parecem difíceis de fazer em casa, mas que, em muitos casos, se tornam diferenciados da roupa de todo dia por causa da presença desses dois elementos.

A primeira variação da estrutura começa com a escolha das peças. Assim, a parte de cima pode ser:

- Blusa de gola alta
- Blusa fluida
- Body
- Camisa (alfaiataria ou fluida)
- Camiseta
- Regata (fluida ou justa)
- Suéter

Na parte de baixo, as opções são:

- Bermuda ou short (alfaiataria ou jeans)
- Calça de alfaiataria
- Calça de sarja
- Calça jeans
- Calça jogging
- Calça pantacourt
- Calça pantalona

- Calça pijama
- Legging
- Minissaia
- Saia longa
- Saia mídi
- Short-saia

Os calçados variam entre:

- Ankle boot
- Bota
- Coturno
- Mocassim
- Mule
- Oxford
- Peep toe
- Rasteira
- Sandália
- Sapatilha
- Scarpin
- Tênis

Quanto à sobreposição, ela pode ser:

- Blazer (alfaiataria ou casual)
- Camisa de botão aberta
- Cardigan
- Casaqueto clássico
- Colete
- Jaqueta
- Parka

Por fim, os acessórios:

- Anel
- Brinco
- Cinto
- Colar comprido
- Lenço
- Maxicolar
- Pulseira
- Relógio

Existe ainda a opção de utilizar um look formado a partir de uma peça inteira, como um vestido ou macacão. Nesse caso, a estrutura é:

peça inteira + calçado + sobreposição + acessório

Aqui, as peças que compõem o elemento **peça inteira** podem ser:

- Macacão
- Macaquinho
- Vestido estruturado
- Vestido fluido
- Vestido longo
- Vestido mídi
- Vestido curto

> Para fazer mais combinações com uma peça inteira, procure um vestido ou macacão mais básico, sem muitos elementos. Eles permitem que você utilize acessórios e sobreposições.

Basicamente, o que você tem de fazer na hora de se vestir é escolher no seu guarda-roupa uma peça que corresponda a cada elemento do look. É provável que você tenha suas combinações preferidas, seja porque lhe caem melhor, seja porque são mais práticas para o dia a dia. Isso, porém, não significa que você tenha de se vestir do mesmo jeito todo dia, como se fosse um uniforme. Um único molde pode gerar looks muito diferentes. Considere, por exemplo, esta opção:

CALÇA
+
REGATA
+
BLAZER
+
SAPATILHA
+
COLAR COMPRIDO

Um look básico poderia usar esse molde da seguinte forma:

CALÇA JEANS SKINNY
+
REGATA DE MALHA COLORIDA
+
BLAZER DE MOLETOM OU MALHA PRETO
+
SAPATILHA PRETA
+
COLAR FINO BÁSICO

Para uma composição mais arrojada, você poderia vestir:

CALÇA MOM JEANS
+
REGATA DE SEDA COLORIDA
+
BLAZER DE ALFAIATARIA BRANCO
+
SAPATILHA DE ONÇA
+
MIX DE **COLARES** COMPRIDOS

Para um look jovial, as peças poderiam ser:

CALÇA JEANS CINTURA ALTA
+
REGATA DE MALHA BRANCA
+
BLAZER DE SARJA COLORIDO
+
SAPATILHA LAÇO PRETA
+
MIX DE **COLARES**

Para transmitir seriedade com a mesma combinação, você pode usar:

CALÇA JEANS ESCURO RETO
E CINTURA MÉDIA
+
REGATA DE SEDA NUDE
+
BLAZER DE ALFAIATARIA PRETO
+
SAPATILHA BICO FINO DOURADA FOSCA
+
COLAR COMPRIDO COM PINGENTE
GEOMÉTRICO GRANDE

Seu lookbook

Fotografe seu look todos os dias. Ter o registro dos looks ajuda você a se perceber. Em vez de focar apenas naquela parte do seu corpo que a incomoda, a foto permite que você analise sua imagem por completo e avalie melhor o caimento da roupa.

A fotografia é diferente de se olhar no espelho. No espelho, tendemos a fixar os olhos somente no que consideramos um defeito. Com isso, não se analisa o look geral. Por exemplo: se você só nota sua barriga, quando prova uma roupa, analisa se a barriga está OK, mas esquece de ver como ficou o decote, o caimento da calça, as mangas etc. Pode ser que a barriga esteja bem, mas todo o resto esteja péssimo.

Como relatei anteriormente, tive problemas com minha autoimagem, me achando gorda mesmo não estando assim. Algo que me ajudou a curar esse mal foi tirar fotos dos meus looks. A cada composição, eu percebia o que valorizava meu corpo e o que não caía bem. Com meu arquivo de fotos, fiz compras mais assertivas, que realmente contribuíam para minha imagem. Nos dias em que não me sentia bonita, eu caprichava no look e fotografava. A foto me convencia de que eu estava ótima — o problema era minha visão, não meu corpo.

Além de elevar sua autoestima, um arquivo dos looks ajuda você a ser criativa para criar composições, inspirada nas ideias que já teve. E com a prática, você vai descobrindo mais sobre si mesma: seus melhores ângulos, as cores que mais favorecem seu tom de pele, os cortes que lhe caem melhor...

Você pode salvar as imagens no seu celular em uma pasta separada. Se quiser, insira uma legenda na foto e anote ali detalhes que você gostaria de lembrar depois, como as peças que poderia alternar naquele look, ou um acessório que quer experimentar em outra ocasião.

Sabendo escolher peças que condizem com seu estilo, que valorizam seu corpo e que estão de acordo com seus objetivos pessoais, você tem liberdade de criar o look que quiser. O importante é desvendar o mistério da estrutura do look. Isso multiplica suas possibilidades.

Nas próximas páginas, você encontrará tabelas de looks para selecionar suas combinações preferidas e testar outras. Escolha um item de cada coluna, na seguinte ordem:

1. Uma parte de baixo.
2. Uma parte de cima.
3. Uma sobreposição.
4. Um acessório.
5. Um calçado.

Exemplo:

Parte de baixo	Parte de cima	Sobreposição	Acessório	Calçado
Calça jeans	Regata	Casaqueto clássico	Colar comprido	Sapatilha
Calça reta	Blusa fluida	Camisa aberta	Lenço	Tênis
Bermuda	Camisa	Colete	Maxicolar	Scarpin

Exemplo de molde escolhido:

CALÇA JEANS
+
BLUSA FLUIDA
+
CASAQUETO CLÁSSICO
+
COLAR COMPRIDO
+
SCARPIN

LOOKS COM SAIA OU SHORT

Parte de baixo	Parte de cima	Sobreposição	Acessório	Calçado
Bermuda jeans Short jeans	Blusa fluida Camisa Regata T-shirt	Blazer Camisa aberta Cardigan Colete Jaqueta Parka	Cinto Colar Lenço	Bota Oxford Mocassim Mule Sandália Sapatilha Tênis Rasteira
Bermuda alfaiataria Short alfaiataria	Blusa fluida Camisa Regata T-shirt	Blazer Camisa aberta Cardigan Colete Jaqueta Parka	Cinto Colar Lenço	Bota Oxford Mocassim Mule Sandália Sapatilha Tênis Rasteira
Saia longa Saia mídi Minissaia	Blusa fluida Camisa Regata T-shirt	Blazer Camisa aberta Cardigan Casaqueto clássico Colete Jaqueta Parka	Cinto Colar Lenço	Bota Ankle boot Scarpin Peep toe Oxford Mocassim Mule Sandália Sapatilha Tênis Rasteira

LOOKS COM JEANS

Parte de baixo	Parte de cima	Sobreposição	Acessório	Calçado
Calça jeans	Blusa fluida Camisa Regata T-shirt	Blazer Camisa aberta Cardigan Casaqueto clássico Colete Jaqueta Parka	Cinto Colar Lenço	Bota Ankle boot Scarpin Peep toe Oxford Mocassim Mule Sandália Sapatilha Tênis
	Camisa	Blazer Colete Cardigan	Cinto Colar Lenço	Bota Ankle boot Scarpin Peep toe Oxford Mocassim Mule Sandália Sapatilha Tênis

LOOKS COM LEGGING, JOGGING E CALÇA PIJAMA

Parte de baixo	Parte de cima	Sobreposição	Acessório	Calçado
Legging	Blusa fluida alongada Regata alongada T-shirt alongada	Blazer Camisa aberta Cardigan Colete Jaqueta Parka	Cinto Colar Lenço	Bota Ankle boot Scarpin Peep toe Oxford Mocassim Sapatilha Tênis
	Camisa alongada	Blazer Colete	Colar Lenço	Bota Ankle boot Scarpin Peep toe Oxford Mocassim Sapatilha Tênis
Calça pijama Calça Jogging	Body Blusa fluida Camisa Regata T-shirt	Blazer Camisa aberta Cardigan Casaqueto clássico Colete Jaqueta Parka	Colar Lenço	Bota Ankle boot Scarpin Peep toe Oxford Mocassim Mule Sandália Sapatilha Tênis Rasteira

LOOKS COM CALÇA DE ALFAIATARIA

Parte de baixo	Parte de cima	Sobreposição	Acessório	Calçado
Calça de alfaiataria	Blusa fluida Camisa Regata T-shirt	Blazer Camisa aberta Cardigan Casaqueto clássico Colete Jaqueta Parka	Cinto Colar Lenço	Bota Ankle boot Scarpin Peep toe Oxford Mocassim Mule Sandália Sapatilha Tênis Rasteira
	Camisa	Blazer Colete Cardigan	Cinto Colar Lenço	Bota Ankle boot Scarpin Peep toe Oxford Mocassim Mule Sandália Sapatilha Tênis Rasteira

LOOKS COM VESTIDOS E MACACÕES

Peça base	Sobreposição	Acessório	Calçado
Vestido estruturado	Blazer Camisa aberta Cardigan Casaqueto clássico Colete Jaqueta Parka	Cinto Colar Lenço	Ankle boot Scarpin Peep toe Mocassim Sandália Sapatilha
Vestido fluido	Blazer Camisa aberta Cardigan Casaqueto clássico Colete Jaqueta Parka	Cinto Colar Lenço	Bota Ankle boot Scarpin Peep toe Oxford Mocassim Mule Sandália Sapatilha Tênis Rasteira
Chemise	Blazer Cardigan Colete Jaqueta	Cinto Colar Lenço	Ankle boot Scarpin Peep toe Mocassim Sandália Sapatilha Tênis
Macacão de alfaiataria Macacão Fluido	Blazer Camisa aberta Cardigan Casaqueto clássico Colete Jaqueta Parka	Cinto Colar Lenço	Bota Ankle boot Scarpin Peep toe Oxford Mocassim Mule Sandália Sapatilha Tênis Rasteira

> Selecione até **cinco moldes de looks** e varie alterando estampa, cor, textura e modelagem das peças e dos acessórios.

Escolha seus moldes de look

Repetir o molde de look é uma ferramenta poderosa para economizar, pois na hora da compra, você já sabe quais peças compõem seus moldes favoritos. Com isso em mente, você se sentirá mais segura para investir em determinada roupa, compreenderá que o melhor é investir em peças que já sabe que dão certo, e saberá como montar looks, variando cor, textura, estampa. E como também sabe o que funciona no seu corpo, tem menos risco de adquirir algo que não valorize sua imagem corporal.

Por fim, os moldes consolidam seu estilo pessoal. Quando repete um molde, variando cor, textura, estampa e modelagem, você cria uma assinatura pessoal.

CRIANDO UMA ASSINATURA DE ESTILO

Além da repetição de molde, você pode repetir algum elemento em seu look para marcar sua imagem única. Geralmente, esse elemento é um acessório, maquiagem ou penteado, mas pode ser também um tipo de peça que se repete em versões variadas dentro do molde selecionado.

A cada período da vida, usei itens que me diferenciavam. Eu escolhia um elemento e o repetia inúmeras vezes, fazendo com que meu look combinasse com ele. Tive a fase do broche de laço, das polainas rosas e o da bota vermelha.

Nos anos 80, certa artista infantil lançou uma bota branca de plástico. Toda garota tinha uma. Minha mãe sabia que eu gostava de novidade, e comprou uma bota para mim. Mas não era a da artista, nem de plástico, nem branca. Era de couro e vermelha. De início estranhei, pois não era igual à bota que todo mundo usava. No fim, porém, eu estava achando o máximo, porque ninguém tinha uma bota como a minha. Eu só queria usar a bota, e fazia com que ela combinasse com qualquer look.

Hoje, quando recebo uma cliente que deseja ter uma assinatura de estilo, minha vontade é dizer: Compre uma bota vermelha e use até não aguentar mais. Quando falamos sobre assinatura de estilo, nos referimos a repetição, a usar um mesmo elemento de novo e de novo. Pode ser um tipo de calçado, um lenço, um turbante, determinado acessório, alguma cor etc. Algumas personalidades possuem uma assinatura de estilo bem conhecida:

- Roberto Carlos: cores branco e azul em peças de alfaiataria.
- Falcão: mistura de estampas e cores, com um girassol na lapela.
- Costanza Pascolato: delineador largo nos olhos, óculos grandes, look base preto e calçados flat.
- Karl Lagerfeld: óculos escuros, cabelos compridos brancos sempre presos em rabo de cavalo e colarinho estruturado branco.

Para criar sua assinatura, escolha um item que você goste muito de usar, que a deixe confortável e confiante. Não invente algo que não está de acordo com sua personalidade. Sua assinatura deve fluir de quem você é, complementar sua identidade e transmitir originalidade.

Itens que criam uma assinatura de estilo:

- Blazer
- Bota diferenciada
- Cardigan
- Coque alto
- Lenço
- Mix de colares
- Mix de pulseiras
- Topete
- Turbante
- Batom vermelho
- Uma cor predominante no look

Para descobrir como compor sua assinatura pessoal, pergunte-se:

- Qual é a peça que mais uso?
- Quais são as cores de que mais gosto?
- Qual é o acessório que mais utilizo?
- Como mais gosto de arrumar meu cabelo?
- Qual calçado mais uso?

Anote as respostas possíveis na tabela abaixo. Depois, analise as opções. Você verá que alguns elementos são mais limitados, restritos a determinada ocasião ou a certo ambiente. Sendo assim, não podem acompanhá-la em todos os momentos. Como assinatura é repetição, você precisa escolher algo que dê para usar na maioria dos seus looks.

Item de assinatura	Locais em que posso usar esse item	Looks que posso compor com esse item	Variações possíveis desse item (cor, estampa, textura)

ACESSÓRIOS

Todo look fica muito mais interessante se tiver acessórios: colar, lenço, cinto, bolsa, pulseira, relógio, óculos, anel, brinco — ou até mesmo um turbante ou chapéu! Acessórios são capazes de transformar um look básico, como camiseta + jeans + sapatilha, em uma produção mais elaborada.

Acessórios menores

Para usar acessórios com mais confiança, observe estas dicas:

- Distribua os acessórios pelo corpo em vez de aglomerar tudo em um ponto só. Por exemplo, em vez de um mix de colar + brincos grandes, o que pode deixar o visual pesado perto do rosto, use brincos grandes com um mix de pulseiras.
- Eu gosto de chamar o acessório maior, mais chamativo, diferenciado, de ACESSÓRIO PRINCIPAL. Ele será o protagonista dos acessórios no seu look. Você pode usar apenas um acessório principal, como um colar longo com pingente grande, que chame atenção. Dessa forma, os demais acessórios (anéis e brincos, por exemplo) serão menores e mais discretos — ou inexistentes, o que deixa o look bem elegante.
- Para usar mais de um acessório principal, ou seja, mais de um acessório maior, afaste um do outro no corpo. Por exemplo: um anel grande em uma mão e uma pulseira grande na outra ou um brinco grande com uma pulseira ou um anel grande. Evite utilizar dois acessórios grandes próximos um do outro. Pode pesar o look.
- Combinar metais é supermoderno e deixa o visual despojado. Não tenha medo de misturar prata, dourado e rosê.

Você pode misturar metais diferentes (prata, dourado e rosé) com a mesma textura — ou todos brilhosos, ou todos foscos, ou todos envelhecidos — ou misturar só uma tonalidade de metal, porém em texturas diferentes (dourado brilhoso, dourado fosco e dourado envelhecido juntos, formando um mix, por exemplo).

- O problema não é misturar metais, mas materiais e estilos de acessórios. Não combine acessórios românticos com acessórios modernos, nem acessórios rústicos com acessórios clássicos, se você não domina a técnica, ou se não tem certeza se fica legal. Opte por um único estilo. Isso também vale para materiais: apenas pérola, ou pedras, ou couro, ou madeira. Assim não tem erro! Não quero dizer, com isso, que é errado misturar estilos ou misturar materiais, mas essas misturas têm mais chances de dar errado. Quando você estiver mais segura e tiver certeza de que dois estilos ou dois tipos de materiais funcionam, misture. Mas se não quer se arriscar, nem tem certeza de que os acessórios estão valorizando, não misture.
- Para que os acessórios causem efeito no seu look, eles devem ter de tamanho médio a grande. Um brinquinho na orelha e uma correntinha no pescoço não chamam atenção a ponto de levantar o visual. Se você gosta de acessórios pequenos, tente fazer um mix de peças, para que cause um efeito maior.

> Se você tiver dificuldade para combinar metais diferentes, use acessórios que já sejam mesclados, como um relógio dourado e prata, ou um mix de pulseiras de vários metais.

Assim como existem peças essenciais no guarda-roupa, existem acessórios neutros que contribuem na elaboração do look. Geralmente as mulheres investem em acessórios muito diferentes antes de adquirirem os modelos básicos, que são, na verdade, mais fáceis de usar. É claro que você pode ter acessórios chamativos e coloridos, mas sugiro que componha primeiro a base, ou seja, os acessórios que combinam com tudo.

Os acessórios mais básicos são apenas em **metal + forma geométrica**. Combinam com qualquer roupa e podem ser usados em qualquer ocasião. Também facilitam na hora de fazer um mix de acessórios:

- Mix de colares
- Mix de pulseiras
- Mix de anéis
- Pulseiras + relógio

Para fazer o mix, use:

- Apenas acessórios metálicos (de diferentes tons, como falamos anteriormente); ou
- Metal + 1 material (por exemplo, pérolas); ou
- Materiais diferentes todos do mesmo tom; ou
- Apenas 1 estilo (por exemplo, peças românticas).

> Para começar hoje seu "guarda-roupa" de acessórios, sugiro os seguintes itens (todos em metal, sem pedra, e idealmente um prata e outro dourado):
>
> - 2 colares compridos (com ou sem pingente geométrico)
> - 2 maxicolares

- 1 relógio (prata ou dourado)
- 2 pulseiras
- 2 argolas
- 2 anéis geométricos

Acessórios maiores

Bolsas, lenços, cintos e calçados também transformam um look. O par jeans + camiseta branca transmite uma aparência quando usado com tênis casual e maxibolsa. Porém, quando combinado a um scarpin e bolsa rígida média, ele se transforma em outro visual. Com uma escolha certeira desses elementos, você elabora looks variados utilizando as mesmas peças base.

Vamos às dicas!

Lenços

- Encare o lenço como um colar: não se usa os dois. Ou um, ou outro.
- Dê preferência a lenços maiores, que podem ser usados com folga ao redor do pescoço. Um lenço muito justo pode dar um ar antiquado. Já o lenço amarrado mais solto alonga o colo e deixa o visual mais jovem e atual.
- Antes de adquirir modelos coloridos, opte pelos tons neutros, que são mais fáceis de combinar. Dê preferência a tecidos finos, que não esquentam. Mas atenção: procure tecidos que não fiquem armados, criando um volume que você não quer.

Bolsas

- As cores neutras de bolsas são: bege, dourado, marrom, prata e preto. Considero a bolsa preta muito essencial.

Você pode ter apenas duas bolsas no seu guarda-roupa: uma preta e outra de tom neutro.

- Se você gosta de trocar de bolsa com frequência, vale a pena ter um organizador de bolsa (uma bolsinha removível que se parece com uma nécessaire, com muitos compartimentos, em que você coloca carteira, batom, caneta etc.). Ela ajuda a não esquecer os itens do dia a dia.
- Para a noite, aconselho bolsas de tamanhos menores: uma clutch ou uma carteira, preta ou metálica (prata ou dourada).
- Bolsas mais moles transmitem um ar mais causal, despojado e jovem. São ideais para o dia a dia. As bolsas rígidas, pelo contrário, são elegantes e clássicas. As bolsas grandes trazem um visual prático e moderno, enquanto as pequenas e delicadas são mais femininas. Por fim, bolsas envernizadas ou com metal remetem a um visual moderno e sensual.
- A bolsa não precisa ser na cor do sapato. Cada um pode estar associado a outro elemento do look, por exemplo: o sapato vermelho pode combinar com a blusa vermelha, ao invés de combinar com a bolsa vermelha. Nesse caso, a bolsa poderia ser preta, bege, ou até mesmo em outra cor.

Calçados

- Os calçados curingas dependem do seu estilo de vida. Quem trabalha em um ambiente formal, por exemplo, precisará de scarpins, peep toes ou de sapatilhas de bico fino. Por outro lado, a mulher com estilo de vida mais casual poderá optar por tênis e sandálias.
- O mais importante não é o modelo, mas a cor do calçado. Os tons neutros, como em todo o guarda-roupa, são os mais versáteis: bege, dourado, marrom, prata e preto.

- Atenção aos bicos e saltos: bico arredondado remete a um visual mais delicado; o bico fino é mais moderno e elegante. Sapatos sem salto dão uma aparência mais casual ao look, enquanto o salto faz o oposto.
- Sapatos mais fechados são mais adequados a ambientes formais. Os mais abertos transmitem feminilidade e, às vezes, sensualidade. Então, muito cuidado com calçados abertos no ambiente de trabalho.

Cintos

- O cinto não é só para segurar a calça. Ele serve para dar um toque mais interessante ao visual, arrematando, por exemplo, a dupla blusa + calça, ou incrementando um vestido acinturado.
- O cinto fino é um acessório curinga. Ele pode ser usado no cós das peças de baixo ou sobre vestidos ou macacões acinturados.
- O cinto de elástico é outro acessório superversátil. Ele pode ir sobre as roupas, abaixo do busto, na cintura ou sobre o quadril. Escolha um cinto de elástico que tenha algum trabalho na frente: aplicação em metal ou em couro.
- Opte por cintos em cores básicas: bege, dourado, marrom, onça, prata e preto.

TRUQUES DE ESTILO

Quando falo sobre se vestir bem, não me refiro a bom gosto nem a roupas caras. Falo sobre saber estar dentro da roupa, sobre entender como ela funciona e qual a melhor forma daquela peça em seu corpo. É nesse ponto que muitas mulheres erram. Apenas ter roupas novas ou diferentes das que você usa não causam o efeito de estar bem-vestida. As roupas precisam ser arrumadas no seu corpo.

Cada peça possui um leque de possibilidades, seja no quesito de composição de looks, seja na forma de vestir o corpo. Uma mesma roupa veste cada pessoa de modo diferente. Não só por conta do formato de corpo, mas também pela maneira de cada um se perceber naquele look a partir de seu estilo pessoal. Assim, você deve entender o efeito que a roupa causa na sua imagem, e testar as possibilidades de ajeitá-la no seu corpo até que o look fique com a sua cara.

Vou demonstrar como isso funciona na prática. Uma blusa fluida pode ser usada:

- Por dentro da calça (ou short, saia etc.).
- Por fora da calça.
- Só com a frente por dentro (esse truque é bom para disfarçar a barriga).
- Só com a lateral por dentro.
- Com as mangas dobradas.
- Com um nó na frente.

E uma camisa de botão? Você pode usá-la:

- Com as mangas dobradas (deixa o look mais despojado).
- Com as mangas esticadas.
- Toda abotoada.
- Só com o colarinho aberto.
- Por dentro da calça.
- Por fora da calça.
- Só um lado para dentro da calça.
- Amarrada na frente.

- Aberta, como sobreposição (qualquer sobreposição deixa seu look mais sofisticado).
- Invertida, com os botões para trás.
- Ombro a ombro (com os três primeiros botões abertos).

Um chemise pode ser usado:

- Sem cinto.
- Com cinto marcando a cintura.
- Com cinto abaixo da cintura.
- Aberto, como sobreposição.

O blazer pode ser vestido:

- Com as mangas esticadas.
- Com as mangas dobradas.
- Com as mangas puxadas.
- Fechado.
- Aberto.
- Fechado com um cinto sobreposto.

Até mesmo a calça pode ser usada de formas diferentes:

- Sem dobrar a barra.
- Com 1 dobra larga na barra.
- Com 2 dobras finas na barra (as dobras valorizam mais o calçado, e é um truque legal para usar com saltos).

> O que está por baixo da roupa também conta! Evite calcinhas que marcam a roupa ou que apertam o corpo, pois isso deixa o look vulgar e com caimento

> ruim. E se você sentir que uma cinta modeladora vai deixar você mais confortável, e seu visual mais bonito, não hesite em usá-la.

Enquanto insistir no look de sempre, você não vai elaborar alternativas interessantes. A prática da montagem de looks precisa ser uma prática diária. E precisa de coragem. Isso mesmo: coragem! Coragem de sair do lugar comum e testar o que você tem no guarda-roupa.

Usar as roupas exatamente como viu no manequim engessa sua criatividade e seu guarda-roupa. Experimente usar suas peças de maneira nova: misturando o que nunca usou junto, dobrando uma barra ou manga, colocando só parte da blusa para dentro da calça. Você só desenvolve a habilidade de montar looks se sair do comodismo.

CORES E ESTAMPAS

Se existe algo que transforma o look são as cores e as estampas. Saber combiná-las é uma carta na manga para se vestir com estilo, e inserir um diferencial no look sem gastar mais para isso.

O problema da estampa é: se você só tem estampas no guarda-roupa, provavelmente terá dificuldade de montar looks diferentes. Podemos sintetizar isso com uma fórmula muito simples:

Muita estampa no guarda-roupa = pouca variedade de looks

Por isso, selecione estrategicamente suas estampas. Prefira padronagens que tenham seu estilo, porém, com menos cores. Isso ajuda demais na hora de fazer combinações.

Combinando cores

Há muitas formas de combinar cores, e a internet está cheia de dicas. Se você não é uma pessoa muito "colorida", existem maneiras mais discretas e estratégicas de inserir cores no seu look.

A primeira forma de usar cores é fazer o bom e velho monocromático, ou seja, um look montado todo na mesma cor. Isso deixa o visual mais sério, formal e clássico. Você pode variar o monocromático utilizando tom sobre tom, que nada mais é que variar a intensidade da cor escolhida. Por exemplo: calça azul marinho + blusa azul claro + blazer azul médio.

A segunda forma de combinar cor é criar o ponto de cor. Muito fácil de fazer e deixa o look moderno e superelegante. Consiste em utilizar um look todo neutro e inserir um único elemento colorido. Por exemplo: calça preta + blusa branca + blazer colorido (em uma única cor: vermelho, amarelo, verde, azul etc.). Esse ponto de cor pode ser qualquer item do look: a sobreposição, a blusa, o calçado, a bolsa, o cinto, a calça — até mesmo o batom vermelho conta. Escolha somente roupas de cores neutras (tons terrosos, cinza, preto ou branco) e acrescente um único elemento colorido no look. Não tem erro.

A terceira forma de combinar cor é fazer blocos, ou seja, cada peça de uma cor. Peças lisas, sem nenhuma estampa. Blusa de uma cor e calça de outra cor, por exemplo. Isso cria looks superinteressantes. Para não errar, use cores de intensidade nos blocos: ou todas claras, ou todas vibrantes, ou todas escuras.

Combinando estampas

A maioria das mulheres combina peças estampadas apenas com peças neutras: jeans, preto ou branco.

Para sair dessa combinação nada elaborada, existem duas outras formas mais interessantes de inserir estampas no look: combinando com cores ou com outas estampas.

Estampa com cor

A regra básica para combinar a estampa com cor é escolher para a outra peça uma das cores que tem na estampa. Por exemplo: uma blusa em estampa floral rosa, verde, branco, amarelo e laranja pode ser combinada com uma calça rosa, verde, branca, amarela ou laranja. A cor pode ir para outro elemento do look: no caso dessa blusa estampada, a calça pode ser jeans, e a cor vai para o acessório, o calçado ou para a sobreposição.

> Existem duas estampas que são super versáteis no guarda-roupa: estampa preta e branca e estampa terrosa.
>
> A estampa preta e branca (pode ser bolinha, listra, xadrez, abstrata) combina com vermelho, amarelo, verde bandeira, azul royal, pink e roxo.
>
> A estampa terrosa (como uma estampa de onça bem clássica) combina com vermelho, vinho, verde bandeira, verde musgo, azul royal, azul marinho, rosé, pink, nude, amarelo, laranja e roxo.

Estampa com estampa

Combinar estampa com estampa é o suprassumo do estilo criativo. Muitas mulheres querem aprender, mas têm medo de usar. Se esse mix não faz seu estilo, não se force. Mas vale a pena aprender a técnica.

Para combinar estampas, o desenho pouco importa. O que precisa combinar é a coloração da estampa. Ou seja: as duas estampas devem ter as mesmas cores (não há necessidade de serem todas elas, mas uma a duas cores iguais).

A primeira forma, que é a mais fácil, é combinar estampas bicolores. Por exemplo: listra preta e branca com bolinha preta e branca; ou xadrez preto e branco com floral preto e branco. Como essa estampa tem apenas duas cores, qualquer padronagem combina.

A segunda forma é combinar estampas que têm cores que se repetem, em meio a cores que são diferentes. Por exemplo: uma peça estampada nas cores **preto**, **branco**, rosa e verde pode ser combinada com outra peça estampada em **preto**, **branco**, azul e amarelo.

A terceira forma é combinar exatamente a mesma padronagem, na mesma cor, porém, em tamanhos diferentes. Por exemplo: estampa de bolinha preta e branca pequena com estampa de bolinha preta e branca grande.

A última forma é combinar duas estampas exatamente iguais, mas em cores diferentes, ou com pelo menos uma cor igual. Por exemplo: xadrez preto e branco com xadrez preto e amarelo.

Existem muitas formas de combinar, e possivelmente um desses mixes combina com seu estilo. Agora é com você. Não tenha medo de experimentar.

ATIVIDADES
para refletir

1. O que você leva em consideração na hora de elaborar um look? Você se veste para si mesma ou para os outros?

2. Diante de quais pessoas você se sente insegura? Imagine-se bem vestida diante dessas pessoas, e perceba se isso a faz se sentir mais confiante.

3. Faça uma descrição de como você quer ser vista:

   a. no trabalho ou na faculdade;
   b. em eventos sociais ou na igreja (se frequenta);
   c. em festas familiares;
   d. entre amigas;
   e. em meio a pessoas que você admira.

Feito isso, observe com atenção se essas descrições são condizentes umas com as outras. Quanto mais opostas forem, mais difícil será para encontrar sua identidade visual.

4. Em quais dias você tem mais dificuldade ou desânimo para se vestir? O que geralmente usa nessas ocasiões?

5. O que a impede de se vestir melhor ou da maneira que você gostaria de se vestir hoje?

para praticar

1. Escolha um molde das tabelas de looks que você nunca usou, e experimente nos próximos dias. Fotografe o look e analise sua imagem na fotografia. Se comprometa a fazer isso por uma semana, pelo menos.

2. Vista o look que você costuma utilizar com maior frequência, e fotografe de diferentes ângulos. O que você vê na imagem condiz com a percepção que você tinha de sua imagem nesse look?

3. Pense num look básico que você costuma vestir, e procure maneiras de incrementá-lo, adicionando acessórios ou uma sobreposição.

4. Escolha um item para utilizar como assinatura de estilo nos próximos dias.

glossário

ILUSTRADO

ANKLE BOOT: bota de salto, com cano curto ou quase inexistente.

BATA: blusa com mangas, em corte evasê (A), geralmente com bordados e em tecido leve.

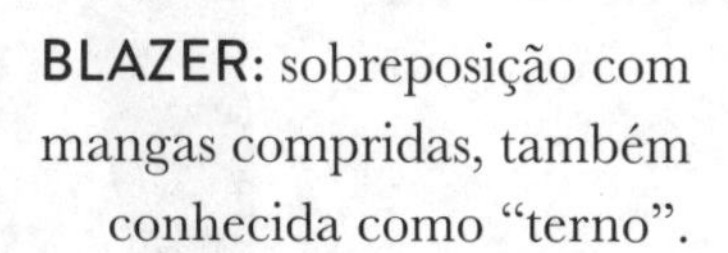

BLAZER: sobreposição com mangas compridas, também conhecida como "terno".

BLUSA FLUIDA: blusa com ou sem mangas, em tecido leve, com caimento solto no corpo. Geralmente em cetim, seda ou viscose.

CALÇA BOOTCUT: calça com perna levemente aberta, com modelagem entre a flare e a calça reta.

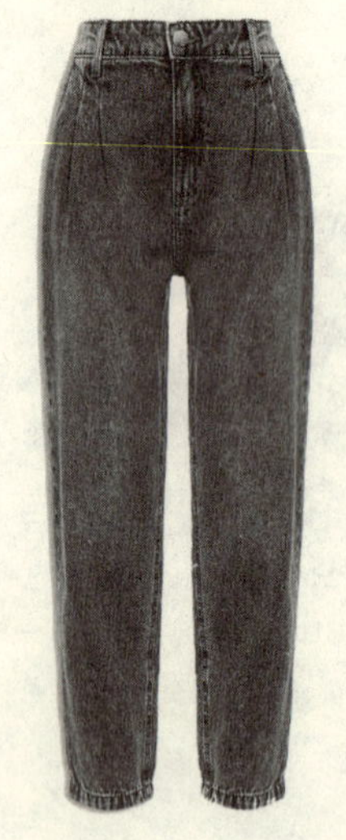

CALÇA CENOURA: calça com quadris mais largos e pernas afuniladas, lembrando o formato de uma cenoura.

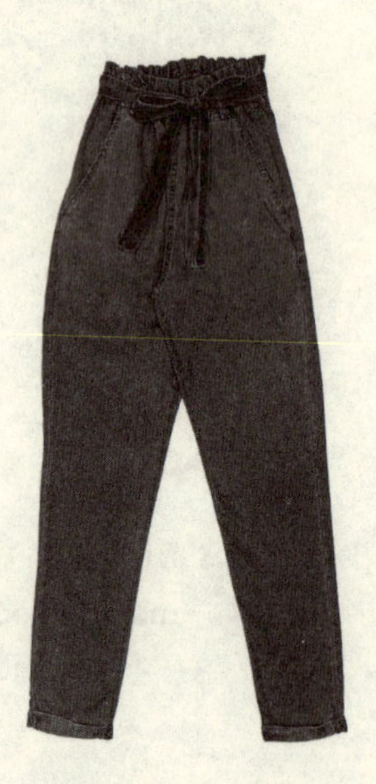

CALÇA CLOCHARD: calça com modelagem semelhante à calça cenoura, com uma faixa para amarrar na cintura e uma sobra de tecido franzido acima do cós.

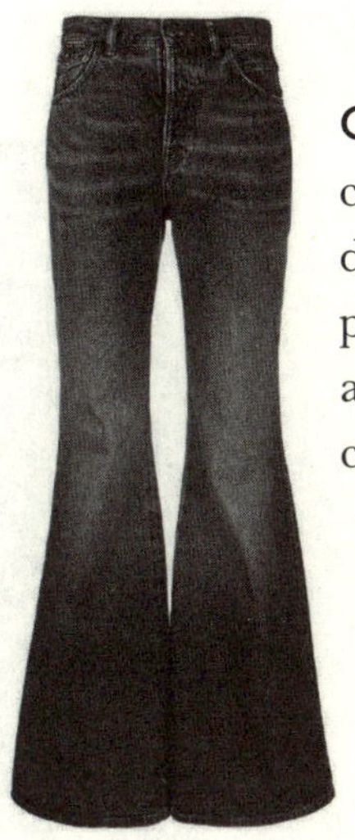

CALÇA FLARE: calça justa na altura da coxa, abrindo a partir dos joelhos até a barra. Lembra a calça boca-de-sino.

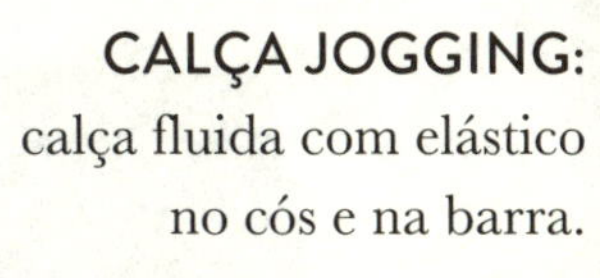

CALÇA JOGGING: calça fluida com elástico no cós e na barra.

CALÇA MOM: calça com cintura média e modelagem solta no corpo. Pernas levemente afuniladas.

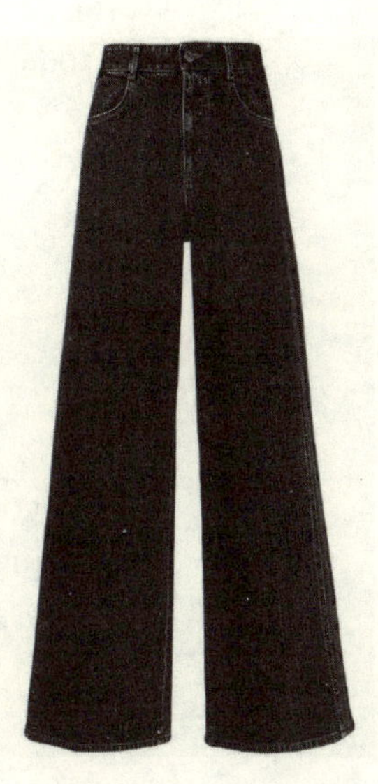

CALÇA PANTALONA: calça com cintura marcada, quadris levemente ajustados e pernas amplas.

CALÇA PIJAMA: calça fluida, com pernas retas e elástico na cintura.

CALÇA RETA: calça em corte reto.

CALÇA SKINNY: calça com modelagem justa ao corpo, modelando toda a perna.

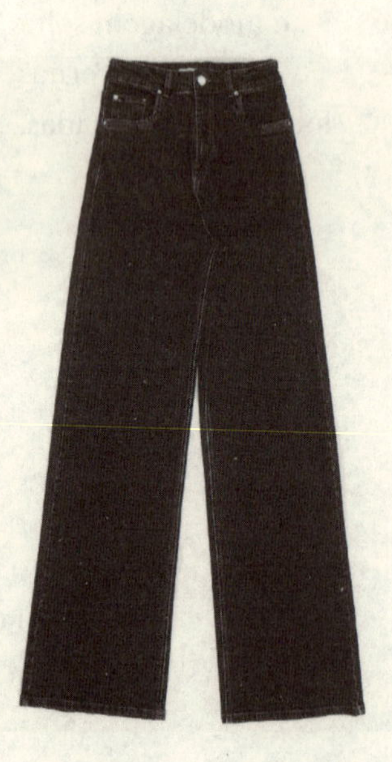

CALÇA WIDE LEG: calça com cintura marcada, justa nos quadris e pernas largas. Lembra a calça pantalona, porém, com menos tecido nas pernas.

CAMISA FLUIDA: camisa de botão, confeccionada em tecido leve, com caimento solto no corpo. Geralmente em seda, cetim ou viscose.

CARDIGAN: casaco em tricô, crochê ou malha, com abertura na parte da frente. Pode ser curto ou longo.

CASAQUETO CLÁSSICO: casaco na altura do cós, abaixo da cintura, em tecido clássico encorpado, geralmente tweed. Com gola careca e mangas compridas ou três quartos.

CINTURA MÉDIA: levemente abaixo da cintura ou do umbigo.

COLETE: sobreposição sem mangas, aberta na parte frontal.

CORTE EVASÊ: saia ou vestido com corte em formato de A, levemente aberto, sem muito tecido na roda da saia.

CORTE GODÊ: saia ou vestido com uma roda completa, ou seja, quando aberta, a peça forma um círculo completo.

CORTE MULLET: saia ou vestido rodado, com a parte da frente mais curta que a parte de trás.

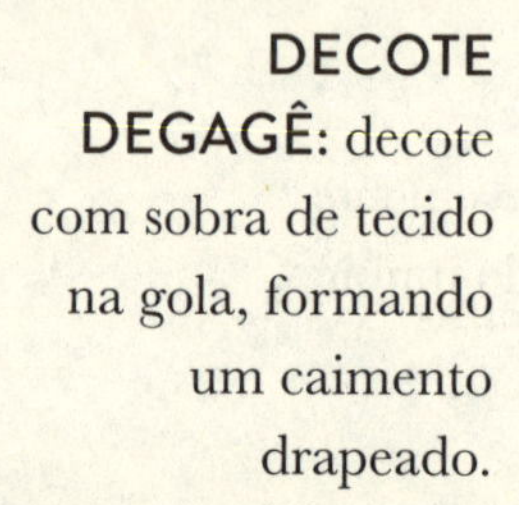

DECOTE DEGAGÊ: decote com sobra de tecido na gola, formando um caimento drapeado.

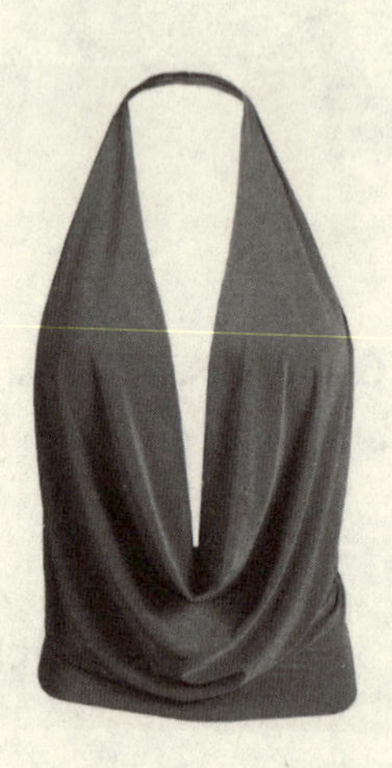

DECOTE NULA MANGA: decote diagonal, sem uma das mangas (apenas um ombro).

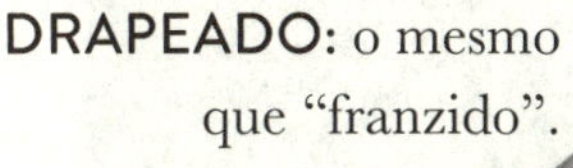

DRAPEADO: o mesmo que "franzido".

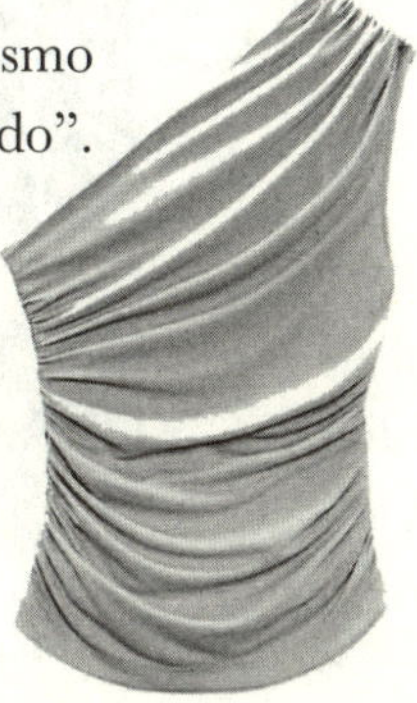

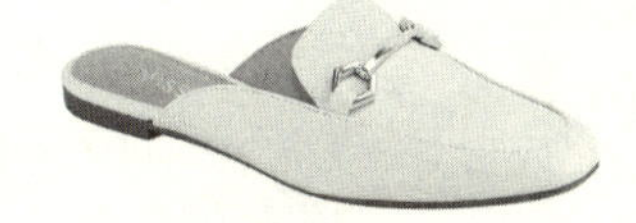

MULE: calçado sem salto, fechado na parte da frente e aberto na parte de trás.

MÍDI: comprimento entre o joelho e os pés.

OPEN BOOT: ankle boot com abertura na ponta, como o peep toe.

OVERSIZE: modelagem solta, grande, maior que o tamanho padrão, com sobra de tecido.

PARKA: casaco com bolsos na parte da frente, cordão na cintura e capuz. Pode ser confeccionada em tecido mais pesado, para o frio, ou em tecido leve e fluido.

PEEP TOE: sapato de salto, totalmente fechado, com um buraco na ponta, mostrando apenas os dedos.

REGATA FLUIDA: blusas de alças mais finas, em tecido leve, com caimento solto no corpo. Geralmente em seda, cetim ou viscose.

SAIA LÁPIS: saia abaixo do joelho, delineando o corpo.

SAIA RETA: saia em corte reto.

SCARPIN: sapato totalmente fechado, de salto e bico fino.

SOBREPOSIÇÃO: qualquer peça usada sobre uma peça base, como blazer, colete, casacos em geral. Conhecida também como "terceira peça".

T-SHIRT: camiseta em malha.

SOBRE A AUTORA

Esposa, mãe, cantora, compositora, empreendedora, comunicadora, escritora, palestrante, youtuber, personal stylist, consultora de imagem e membro ativa em sua denominação cristã: a Igreja Batista. Karol Stahr foi criada para ser uma mulher multitarefas.

A vivência que teve nas artes desde cedo estimulou sua mente em várias áreas. Aos 5 anos, Karol já escolhia seus looks para ir brincar, o que levava sua mãe à loucura, pois aquele pedacinho de gente acordava às 6 da manhã a fim de organizar o guarda-roupa e montar os looks. Ela se dedicou vinte anos ao piano clássico e cinco ao violino. Além disso, Karol é compositora (já gravou dois álbuns e alguns singles). Em 2013, ela teve a oportunidade de participar do quadro Mulheres que Brilham, no Programa Raul Gil, chegando à semifinal. Essa veia artística da personal caminha até hoje com a profissional, que ela julga essencial para um olhar apurado e uma sensibilidade estética.

Graduada em Gestão e Criação dos Negócios da Moda e especializada em Consultoria de Imagem, Personal Stylist, Coloração Pessoal e Psicologia da Autoimagem, Karol Stahr atua como personal stylist desde 2009. Antes de se dedicar exclusivamente ao atendimento de mulheres e empresas, Karol atuou como estilista em marcas de vários segmentos e coordenou o setor de figurino e maquiagem de uma emissora de tv. Além disso, atuou com produção de moda junto a partidos políticos, tendo a oportunidade de atender dois presidentes do país.

Karol Stahr já atendeu mais de 4.000 mulheres, além de órgãos e empresas, entre eles, Banco do Brasil, Caixa Econômica, MPU, Abin, Grupo Coqueiro, Cooperforte.

Além do serviço presencial e on-line de consultoria de imagem, Karol tem tido a oportunidade de se comunicar com mulheres por todo o Brasil e mundo por meio de um canal no YouTube — Estilo Sem Regras.

Atualmente, Karol Stahr possui uma plataforma de cursos on-line que leva o mesmo nome do seu canal do YouTube — Estilo Sem Regras. Nesta plataforma ela oferece cursos on-line e consultoria de imagem on-line. Por meio dessa ferramenta de atendimento, Karol possui clientes por todo o mundo.

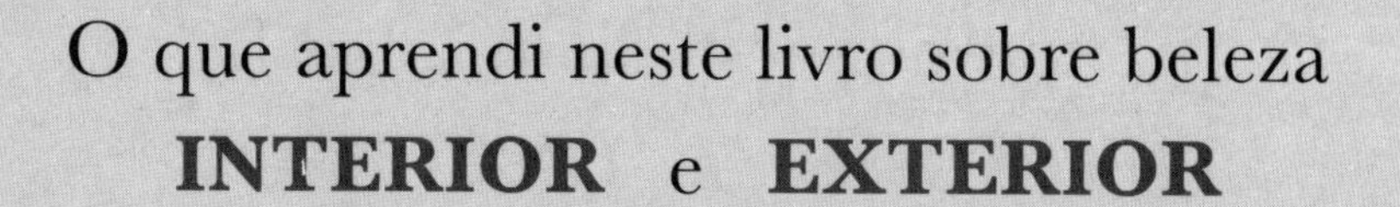

O que aprendi neste livro sobre beleza

INTERIOR e **EXTERIOR**

O que aprendi neste livro sobre beleza

INTERIOR e **EXTERIOR**

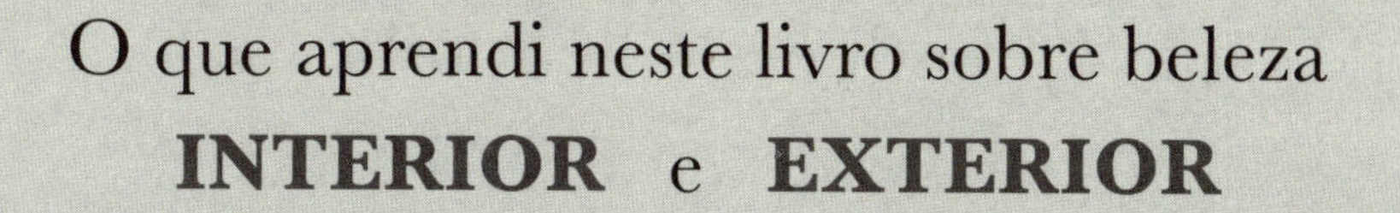
O que aprendi neste livro sobre beleza
INTERIOR e EXTERIOR

O que aprendi neste livro sobre beleza

INTERIOR e **EXTERIOR**

O que aprendi neste livro sobre beleza

INTERIOR e **EXTERIOR**

Sua opinião é importante para nós.

Por gentileza, envie-nos seus comentários pelo e-mail:

editorial@hagnos.com.br

Visite nosso site:

www.hagnos.com.br